輿水精一
KOSHIMIZU Seiichi

ウイスキーは日本の酒である

431

新潮社

ウイスキーは日本の酒である　目次

序章　ウイスキー再生

多様なウイスキーのイメージ

テレビＣＭではないですが、みなさん、ウイスキーがお好きですか？

みなさんは、ウイスキーと聞いてどんなイメージを持たれるでしょうか。年輩の方であれば、海外旅行の土産として持ち帰った高級品を連想されるに違いありません。また、団塊の世代であれば、企業戦士を支えた代表的なお酒という図式が思い浮かぶでしょう。一方、若い世代の方は、バーのカウンターで飲むシングルモルトや、居酒屋で酌み交わすハイボールに思いを馳せるかもしれません。

ことほど左様に、日本におけるウイスキーのイメージは多様化しています。これを歴史的な時間軸で見ると、八十年以上前に日本で誕生した頃は、まず憧れの酒として存在し、戦後になると、ウイスキーはようやく大衆化の時代を迎えます。やがて高度成長期に入ると、家庭や飲食店などを通して国民の間に定着し、爆発的に市場を拡大させてゆく。黒いだるま形のボトルの『オールド』が全盛を極めた一九八〇年、サントリーはなんと一年間で一億四千八百万本という数の『オールド』を販売しています。

しかしながら、八三年を境目に、その売り上げは下降線を辿ってゆく。以後、マイナス成長のダウントレンドの時代が続きます。昭和の終わりになると、焼酎ブームが巻き起こったこともあり、売り上げは、ピーク時の四分の一にまで落ち込んでいきました。ウイスキーの消費者の嗜好《しこう》が多様化したことで、ウイスキーの生産現場も方針の転換を迫られることになったのです。

私の勤めるサントリーという会社においても、『角瓶』『オールド』といったそれまでの主力のブレンデッドウイスキー（25ページ・コラム①参照）以外に、別路線として、『山崎』『白州』といったシングルモルトウイスキーや、『響』というプレミアムブレンデッドウイスキーの生産・販売に力を注ぐようになってゆきます。

「角ハイボール」専用のジョッキで乾杯。ブームを象徴する一コマ

ハイボール・ブーム到来！

思えば、私は、八五年に山崎蒸溜所勤務となってから、ずっと、ウイスキーのダウントレンドの中で仕事をしてきたことになります。しかし、嬉しいことに、この潮流が、徐々に変化しつつあります。サントリーのウイスキーの売り上げは、二〇〇九年度・二〇一〇年度と二年連続で、前年度比でプラスを計上したのです。

その立役者は、何といっても、「角ハイボール」効果です。

居酒屋などで、『角瓶』を炭酸で割ったハイボールをビールジョッキのようなグラスで飲む方法が的中したとともに、缶入りの『角ハイボール』も見事にヒットしました。その『角瓶』が誕生したのは、一九三七年。サントリー・ウイスキーのブランドの中でも、長い歴史を持っています。

亀甲型のボトルと骨太な味わいは、長くウイスキー・ファンの支持を得てきました。そして、元来、炭酸と相性が合うよう設計されており、バーなどでは、氷を入れるもの、氷を入れずグラスを冷やして飲むものなど、様々な角ハイボールが提供され、ロングランを続けてきたウイスキーです。

したがって、私は、今回の角ハイボール・ブームは、単に一過性のものではなく、そうした長い歴史の積み重ねから、必然的に生まれたのではないか、と考えています。シングルモルトをストレートで飲まれる本格派のファンからは、ハイボールなど所詮、徒花《あだばな》、邪道だと憫笑《びんしょう》されるかもしれません。しかし、冒頭に述べたウイスキーの多様なイメージに鑑《かんが》みれば、ハイボールだって、立派なウイスキーの飲み方のひとつ。

逆に言えば、ハイボールがブームになるのであれば、ほかの種類のウイスキー、シングルモルトやプレミアムブレンデッドウイスキーだって、いつブレイクしてもおかしくはない、と思うのです。

女性に嫌われる酒に将来はない

実際、そうした兆しを、私は、ここ数年、肌で感じてきています。そのひとつが、女性ファンの増加です。例えば、オーセンティック・バーなどに行くと、最近、女性がひとりで飲んでいるシーンによく遭遇するようになりました。何を頼むのかと思ってみていると、『ラフロイグ』のようなアイラ島の辛口タイプのモルトを注文している。

ウイスキーというのは、私は、かねて複雑系の酒の代表格と思っています。

まず、強い刺激があって、人生の最初にウイスキーを飲んだときには、誰もが、なんて飲みづらい酒なのだろう、と思ってしまう。香りも味も非常に複雑なため、一度では、把握しきれるものではない。が、いったんそこを通過すると、ウイスキーの持つ奥深さにどんどんと引き込まれてゆく。経験を重ねれば重ねるほど、美味しく感じられるのが、ウイスキーという酒の特徴といえるでしょう。

また、スコットランドの地酒から世界的な酒へと進化したウイスキーは、長い歴史を持っています。その背景を知ることは、ウイスキーの複雑でミステリアスな味わいを楽しむ上で、無駄になることはありません。本来、学習好きである女性にとって、ウイスキーは、とても関心を引く存在であり得るのです。

何事も、女性がトレンドを引っ張ってゆくといわれますが、酒も例外ではありません。女性に相手にされないような酒が、生き残っていかれるとは思えず、その意味からも、女性ファンの増加を心強く感じています。

ウイスキー・ライヴの賑わい

二〇〇〇年十月に初めて東京で開催され、今年（二〇一一年）で十一回目を数えた「ウイスキーマガジン・ライヴ！」は、ウイスキーにとっての世界的な一大イベントで、今では世界中のウイスキーのファンに認知されています。ここでは、世界中の様々な蒸溜所がブースを置き、そこでマスタークラスを開催します。私は、何度も、その講師を務めてきましたが、回を追うごとに、熱気が増しているのを実感しています。

当初は、マスタークラスの受講者は、バーのバーテンダーや濃いモルトマニアの方々に限られていました。語るのも、ウイスキーの製造過程を事細かに説明するような感じで、男っぽい世界でした。が、最近は、ごく一般の方々が多く参加してこられ、随分と雰囲気が柔らかくなりました。

質問内容も、「ウイスキーを楽しむにはどうしたらいいですか？」「どんな飲み方をすれば美味しくいただけますか？」といったものが多い。むろん女性も増え、本当に、ウイスキーの支持が広がっていることが分かります。

このような催しの賑わいを通しても、ウイスキーという酒は、いろいろな意味で、その背景にあるものを、一般の方々に伝えてゆくことが大切だと痛感させられます。

ウイスキーブレンダーの仕事

私は、サントリーという日本において最古で最大のウイスキー製造業者のチーフブレンダーという立場にあります。私の上司としては、副社長の鳥井信吾（マスターブレンダー）がいますが、全てのウイスキーの味を設計し、日々製造される製品の品質を守るという仕事はチーフブレンダーの責任の下、六人のブレンダー達によって繰り広げられています。

ウイスキーブレンダーというと、一般の方は、どのような姿を連想されるでしょうか? おそらく、大部分の人は、密室で、新しい製品づくりを目指し、理科の実験のようなことを繰り返している姿を想像されるのではないか、と推察します。

確かに、われわれは、一日の大半をブレンダー室で過ごします。そしてメスシリンダーやピペットといった道具を用いて、およそ百種類以上のモルト原酒やグレーン原酒を合わせながら、ひとつのブランドのレシピを構成するのを、仕事としています。

しかしながら、われわれの仕事はそれにとどまりません。

ブレンダーの仕事を大別すると、三種類あります。創造・維持・管理です。

詳しくは後述いたしますが、ひとつは、新しいブレンドレシピを創造する作業です。さまざまな原酒を組み合わせ、新しいブランドをつくる仕事です。

次に、既存ブランドの維持と一定化です。つまりラインナップされたブランドの品質を毎年維持し、リファインする作業。

さらに、将来を見越した原酒づくりと原酒在庫の管理です。これは、ジャパニーズウ

筆者の「主戦場」。山崎蒸溜所内のブレンダー室（撮影＝西村純）

イスキーの最大の特徴である「多様性」を維持するためにとても大切な仕事です。

仕事の比重でいえば、圧倒的に維持・管理の方が高い。

『ホワイト』『角瓶』『オールド』『ローヤル』といった歴史を持つブレンデッドウイスキーから、『山崎』『白州』の各種シングルモルト、それにプレミアムブレンデッドウイスキーの『響』シリーズにいたるまで、毎年、モルト原酒やグレーン原酒を揃えていかなければなりません。

極論すると、毎年、異なる原酒を使って、『角瓶』なら『角瓶』、『オールド』なら『オールド』と、飲む側が納得するウイスキーを供給しなければならない。

そのためには、山崎蒸溜所、白州蒸溜所、滋賀県の近江エージングセラーに貯蔵されている百タイプ、約八十万樽について、どんなタイプの原酒が、どこにどれだけあるのかを、隅々まで把握している必要があります。

ブレンデッドウイスキーは、モルト原酒にグレーン原酒を加えますので、当然、愛知県知多半島にある関連企業サングレインの知多蒸溜所でつくられるグレーンウイスキーの樽についても目を配っておかなければなりません。

ブレンダーが語るということ

以上のことからも、優れたブレンダーというのは、香りや味を嗅ぎわけるだけではなく、ウイスキーづくりの現場を隅々まで知っていることが条件となることをご理解いただけたのではないか、と思います。

ウイスキーづくりというのは、いろいろな意味でブラックボックスの多い仕事です。蒸溜にしても、貯蔵にしても、しばしば科学や人間の想像を超えた結果を生むことが起こります。微細な香りや味の差異を嗅ぎ分け、それを組み合わせることで、納得のゆくウイスキーを完成させてゆくブレンダー室の仕事は、謎めいてみえるかもしれません。

正直、これまで、ブレンダーたちは、自らの仕事を積極的に語ることをしてこなかったような気がします。そのため、私たちの仕事が、神秘のヴェールに覆われたものと思われているようにも感じます。

しかし、複雑系の酒であるウイスキーは、やはり、作り手側が、分からないところは分からないこととして、どんな酒であるのかを語ってゆくことが必要なのではないか、と思うのです。

一昔前は、大分、事情が異なっていました。例えば、私の先輩のチーフブレンダーでいらした佐藤乾《けん》さんの場合など、典型的に職人気質の方で、「どんなウイスキーなのか？」と社内で説明を求められ、何をいわせるのだという表情をして、「飲んでみたら分かる」と答えていらしたものです。

結果を見れば分かるという姿勢は、ものづくり屋としてまことに潔い。

ブレンダー室においては、ブレンダー同士、モルト原酒の香りや味について、明確な言葉にしなくても分かりあえる感覚のようなものが存在するのも事実です。

またブレンダーの世界には、香りや味を表現するのに、エステリー、ファッティ、サルファァリー、オイリーなどの業界用語があります（155ページ参照）。しかし、そんな言葉は、一般の人にはぴんとこないことでしょう。ブレンダーどうしでも、鰹節みたいな香りだとか、伽羅《きゃら》のような香りといった方がぴったりとくる場合もあります。

ブレンダーは、一歩ブレンダー室を出れば、社内の営業・宣伝の人間にであれ、ウイスキーを飲んでくれる一般の消費者にであれ、自分が設計したウイスキーにどんな魅力があるのかを、明確にメッセージとして伝える責任があります。ブレンダーがふだん感じ取っている世界を、いかに表現すれば一般の人に分かってもらえるのか。私は、そこにいつももどかしさのようなものを感じています。

それでもウイスキーの魅力を広く社会に啓蒙したいというとき、それを誰がやるのかといえば、私は、ブレンダーが先頭に立つのは当然ではないか、と考えています。

上述した通り、優れたブレンダーでいるためには、味覚、嗅覚が発達しているだけではだめで、発酵、蒸溜、熟成、ボトリングといったウイスキーづくりのすべての過程について、正確な知識を具有していることが望まれます。したがって、ブラックボックスを抱えたミステリアスな部分の多いウイスキーを語るには、ブレンダーほど適した立場にいる人はいないのです。

ウイスキー市場の活性化やモルトウイスキーのコアなファンが増えたことなどにより、近年、ウイスキーにまつわる本がさまざまな形で出版されています。

しかし、現役のブレンダーが、自らウイスキーについて語った本というのはあまり存在しないらしい。こういう本を出版してみようと思った意図も、実はそこにあります。ブレンダーという仕事とはどういうものなのか。そして、そのブレンダーの目に映り、あるいは舌に記憶されているウイスキーとはどんな酒なのか。

この本では、専門家を相手にするのではなく、一般の方にもお分かりいただけるよう、ゆるりと語ってみたいと考えています。

ウイスキーの伝道師としての役割

二〇〇八年、脳科学者の茂木健一郎さんと一緒に、スコットランドのスペイサイドとアイラ島にある蒸溜所のいくつかを見て回る旅に出たとき、アイラ島に向かうグラスゴーの空港で、われわれとは逆にアイラ島からグラスゴーに飛んできたジム・マキュワン氏に、偶然、鉢合わせしました。あれには驚きました。

彼は、もともと、アイラ島の代表的なモルトウイスキーである『ボウモア』のカリスマ的アンバサダー（大使）だった男で、今は、一時閉鎖されていたブルイックラディ蒸溜所に移り、蒸溜最高責任者としてその製造を再開させるために辣腕《らつわん》を揮いました。スコットランドを代表するディスティラー（蒸溜酒製造者）のひとりでもあります。その彼に限らず、スコットランドの有名なブレンダーとは、世界の思いもかけない場所で出会うことが少なくありません。

スコットランドで、「ブレンダーの役割って何ですか？」と聞いたとき、「ウイスキー・アンバサダー」が、必ずそのひとつに入ってきます。

自分の作ったものの品質やその内側を伝えるのは、やはりブレンダーが一番分かっているから、ということなのでしょう。実際、高名なブレンダーの中には、ホワイト＆マッカイ社のマスターブレンダーを務めるリチャード・パターソン氏のように、本当に外での仕事が多い人がいます。

私は、ブレンダーとは、熱意をもって、自分のつくった酒を語ることができる、伝道師のような存在でもあるのだと考えています。

二〇〇三年に『山崎12年』が、インターナショナル・スピリッツ・チャレンジ（ＩＳＣ）で金賞を受賞して以来、『山崎』『白州』『響』などサントリーのウイスキーは数々の世界的権威のある酒類コンペティションで表彰を受け、私も、チーフブレンダーとしてその華やかな舞台に立つことができました。

また、私自身が、スコットランドなどのブレンダーと席を並べて、それらの酒類コンペティションの審査を務める機会も少なくありません。

八十年以上の歴史を持ち、国民への浸透度の高いジャパニーズウイスキー（日本のウイスキー）は、かなり以前から、スコッチウイスキー、アイリッシュウイスキー、アメリカンウイスキー、カナディアンウイスキーと並び、世界の五大ウイスキーのひとつに数えられています。

そして、二〇〇〇年代になり、ジャパニーズウイスキーが、品質の上でも、本場のコンペティションで高い評価が与えられるように到ったことは感慨もひとしおのものがあります。

海外の舞台に立ち、拙《つたな》い言葉ではありますが、ジャパニーズウイスキーの魅力について スピーチすることは、本当に、ブレンダー冥利に尽きる話だと思っています。

まだまだウイスキーの伝道師としては半人前ですが、ウイスキーへの熱意は誰にも劣らないものがあると自負しています。この本を手にされた方のうち、ウイスキーがお好きな方はますます好きに、これまで敬して遠ざけてこられた方も、お好きになるよう願っております。どうか、最後までお付き合いいただければ幸いです。

コラム① シングルモルトとブレンデッド

本書でも頻出する、ウイスキーの種類を表わす「シングルモルト」と「ブレンデッド」。ウイスキーの種類を大きく分けると、まずこの二つが挙げられます。すでにその違いを承知している方も多いと思いますが、あらためてこの基本事項を確認しておきましょう。

「シングルモルト」と「ブレンデッド」を分けるのは、原料の違いです。

大麦麦芽のみで作られるのが、モルトウイスキー。

トウモロコシや小麦、ライ麦、大麦から作られるのが、グレーンウイスキー。

このモルトウイスキーとグレーンウイスキーを混ぜ合わせて作ったのが、ブレンデッドウイスキーです。通常は数十種類の原酒をブレンドします。サントリーだと『角瓶』『オールド』『ローヤル』『響』、スコッチだと『バランタイン』や『ジョニーウォーカー』が有名です。

それに対して、ひとつの蒸溜所でつくられたモルトウイスキーだけを瓶詰めして作ったのが、シングルモルトウイスキーです。

最近になって人気を集めるようになったのが、このシングルモルトウイスキーで、サントリーだと『山崎』『白州』、スコッチでは『ザ・マッカラン』『グレンフィディック』『ラフロイグ』などがあり、日本でも愛飲者は多い。

よくみなさん勘違いするのは、「シングルモルトウイスキー」＝「ひとつの樽から払い出された原酒をそのまま瓶詰めしたウイスキー」です。しかしこれは正確ではありません。シングルモルトウイスキーは、ひとつの蒸溜所の複数の樽のモルトウイスキーを、混ぜて作ります。このことを「ヴァッティング」と呼び、モルトウイスキーとグレーンウイスキーの原酒を混ぜる「ブレンディング」と区別して使われます。

ちなみに、ひとつの樽の原酒を瓶詰めしたものを、「シングルカスク」と呼び、これはこれでさまざまな蒸溜所のものが流通しており、バーなどで「どこどこの蒸溜所のシングルカスク」と注文することが可能です。

第一章　日本のウイスキー誕生とその受容の歴史

山崎の地が選ばれた理由

日本のウイスキーが、本場スコットランド、アイルランド、アメリカ、カナダのウイスキーと伍して世界の五大ウイスキーのひとつに分類されていることは、先に説明しました。では、ジャパニーズウイスキーとは、どのようにして誕生し、発展を遂げてきたのか。ブレンダーという視点から、その歴史を簡単に振り返ってみたいと思います。

日本のウイスキーづくりは、一九二三（大正十二）年、サントリーの山崎蒸溜所の建設着手に始まります。竣工は翌年十一月十一日。蒸溜につかわれるポットスチルは国産で、今も山崎蒸溜所の敷地内に置かれており、目にすることができます。

京都駅から新幹線で新大阪へ向かう途中、京都府と大阪府の府境に聳《そび》える天王山の麓《ふもと》に、瀟洒《しょうしゃ》な建物群が見えてきます。これが、現在、私が勤務する山崎蒸溜所です。

ここは、本能寺の変で斃《たお》れた主君織田信長の弔い合戦に、急遽、羽柴秀吉が中国地方からとって返し、明智光秀を打ち破った「山崎の合戦」で有名なところ。

サントリーの創始者である鳥井信治郎がこの地に眼をつけたのは、二つ、いや、正確にいえば、三つの理由があったと私は考えています。

ひとつは、山崎の地の地形があります。山崎は北に天王山を背負い、対岸の男山との間に木津、宇治、桂の三つの河川が犇《ひしめ》くように合流します。三つの川はそれぞれ水温が異なる上に、地形的にも、狭まった自然の関門になっており、濃霧が発生しやすいという特徴があります。

もともと、気象学的にみたウイスキーづくりに適した地の条件に、湿度の高さがあります。一番の敵は空気が乾燥し過ぎること。鳥井信治郎も、「日本は梅雨に悩んでいるが、その梅雨のおかげで、ウイスキーも熟成できる」と話していたようです（杉森久英『美酒一代　鳥井信治郎伝』一九六六年、毎日新聞社）。意外にも、日本はウイスキーづく

天王山の麓にあるサントリー山崎蒸溜所（撮影＝岡倉禎志）

りに適した気候に恵まれているのです。

中でも、山崎の地は、スコッチウイスキーのふるさと、スコットランドのローゼス峡付近の地勢と、酷似しているといわれています。

ウイスキーというのは、きわめてデリケートな製品です。ウイスキーは、ニューポット（蒸溜したばかりのスピリッツ）が、長年、樽に入れられて貯蔵されるうち、木材の組織や木材と木材の接触面を通じて呼吸を続け、少しずつ、美味しいウイスキーに変化していきます。したがって、樽を貯蔵する環境、風土と置き換えてもいいのでしょうが、それが決定的な影響を及ぼすことは間違いがない。

したがって、ウイスキーづくりのスタートで、貯蔵に適しているといわれる、靄《もや》が多く湿潤な気候を持つ山紫水明の地に拠点を得た鳥井信治郎は、まことに幸運だったといわねばなりません。

また山崎の地が選ばれるに到ったのは、水の問題抜きでは考えられないでしょう。灘の醸造家が灘の宮水を仕込み水として名酒を生み出したように、すべての酒は、多かれ少なかれ、水の品質に依存しています。幸い、古来、山崎は、筍《たけのこ》の名産地として知られ、天王山に広がる竹林の下から、良質の水が滾々《こんこん》と湧き出しています。

この天然の湧水は、茶人の千利休が愛した水でもあります。利休は、この清水で茶を点《た》て、侘び茶の第一歩を記したといわれているのです。

鳥井信治郎は、当時のスコットランドの醸造学の権威とされたムーア博士に、予《あらかじ》めこの水を送り、「山崎の水はウイスキーに最適」という検査報告をもらって、初めて工場建設に取りかかったのです。

ウスケという名の化け物

ところで、『赤玉ポートワイン』のヒットで財をなした鳥井信治郎が、ウイスキーづくりという全くの未知の分野に分け入るため、工場長として迎え入れたのが、竹鶴政孝氏でした。竹鶴氏は、スコットランドに留学、本場のスコッチ製造を学んで帰ってきた人です。後に、竹鶴氏は自身の理想を追求するために、鳥井と袂《たもと》を分かち、ニッカウヰスキーを創業しました。

これに対し、鳥井信治郎は、酒づくりへの情熱とともに、日本人の嗜好に合ったウイスキーを広めたいという理想を持っていました。おそらく、蒸溜所を京都と大阪の間に作れば、多くの人の目に触れると考えていたのではないでしょうか。通常あまり顧みられませんが、これが山崎の地が選ばれた三つ目の理由だと私は考えています。

ともあれ、山崎の地に突如、出現した蒸溜所の建物は、相当、人々の度肝を抜いたようです。当時の人々は、ウイスキーというものがいかなるものか、ほとんど知らなかった。トンガリ帽子のキルン（乾燥塔）を持つ瀟洒な建物だけでも目を惹くのに、そこへ、牛車が列をなして原料の大麦が運ばれてゆく。が、何年経っても、キルンから煙が吐き出されるばかりで、一向に製品が生まれる気配がない。そこで、山崎の村民は、「あそこには、ウスケという、大麦ばかりを喰う化け物が棲んでいる」と噂し合ったという面白いエピソードも残されています。

ゼロからのスタート

明治時代になり文明開化の声を聞くと、日本人は、わずか数十年の間に、マッチ棒から軍艦までといわれるように、衣食住のすべての生活分野において、西洋の文物を自分たちに合うように改造し、見事な国産品の数々を作りだしてきました。

それでも、大正時代に、ウイスキーを自前で生産しようとしたというのは、やはり、大変な勇気がいることだったでしょう。

なにしろ全くのゼロからのスタートです。しかも、ウイスキーとは、「大麦を喰う化け物」であって、仕込んでから実際に製品となるまでに、何年もの歳月を要する酒。ウイスキーづくりはストックが命ですから、投資をして回収を始めるまでに、少なくとも十年近い時間がかかります。これほど、リスキーなビジネスはない。

ともあれ、それらすべての西洋の文物の受容と同じく、ウイスキーの場合も、まずは、本場、つまりスコットランドのウイスキーづくりを忠実に再現することから始まりました。

そして記念すべき国産第一号のウイスキー『白札』が発売されたのが、一九二九年。蒸溜所が稼働してから、すでに五年の年月が過ぎていました。

『白札』は、今の『ホワイト』に当たるウイスキーです。発売価格は一本四円五十銭でした。当時、『ジョニーウォーカー赤』が一本五円くらいの時代。輸入洋酒に匹敵するくらいの値段設定からも、鳥井信治郎の意気込みが分かります。

その意気込みは、当時の新聞広告のコピーにも表れています。

いわく、「醒めよ人！　舶来盲信の時代は去れり！」。

しかし、大多数の日本人の舌は、ウイスキーの味に馴染めるほどには洋風化しておらず、市場の評価は全く得られなかったといいます。

「焦げ臭くて、飲めない」という声もあったようです。スコッチらしさを出そうとして、モルトの乾燥にピート（燃料に使われる泥炭）を焚《た》き過ぎたため、とも想像されています。もっとも、今なら、スモーキーなウイスキーとして通の間にファンを獲得するかもしれませんが。

鳥井信治郎という人は、早くから、海外に目を向けていました。一九三四年、禁酒法が廃止されて間もないアメリカにサントリーのウイスキーを輸出します。おそらくは、市場としては、日系人の多い西海岸を想定していたようです。

ウイスキーを売り出したものの、壁にぶち当たった鳥井とサントリーのウイスキーのつくり手たちは、以後、日本人の味覚に合ったウイスキーづくりに腐心します。そして、その成果が表れるのが、山崎蒸溜所が稼働してから十年以上経過した一九三七年。『角瓶』の登場です。鳥井の言葉を借りれば、「香り重視のスコッチではなく、飲んでも旨《うま》い、味わうに足るウイスキー、スモーキーは控えた方がええ」(「サントリークォータリー」86号、「特集　角瓶70年」)というコンセプトが当たり、ようやく、サントリーのウイスキー事業は軌道に乗ってゆくのです。

ここに、ようやく日本のウイスキーづくりが向かう道が定まったといえるでしょう。第二次世界大戦を挟んで、その後も、この「繊細な日本人の味覚に合った日本人のためのウイスキーづくり」という路線は、そのまま踏襲されてゆきます。

ランクアップしてゆく楽しみ

日本人は、戦後の廃墟の中、ひるむことなく立ちあがり、経済復興を成し遂げました。サントリーのウイスキーづくりの歩みをその歴史的文脈に置いてみると、なかなか興味深いものがあります。

一九四六年四月、終戦からわずか八ヶ月後に、サントリーは、『トリス』を売り出します。当時、闇市では、カストリと呼ばれる悪酒がはびこり、人々の健康を損ねていました。安価ながら品質のしっかりとしたウイスキーを、という思いから誕生したのが『トリス』だったのです。

一方、一九五〇年に発売された『オールド』は、実はそのひな形が、一九四〇年、『オールドサントリー黒丸』としてすでに完成していました。が、戦時下のため統制を受け、当時は陽の目を見なかったという経緯があります。

『オールド』には、戦前、戦中と絶えることなく仕込み続けた長期熟成モルト原酒が惜しみなく使われました。苦難に耐え、厳しい時代を乗り越えたその先人の努力が、戦後になって結実し、日本を代表するブランドを作ったのです。

私は、一九四九年の生まれです。出身は山梨県甲府市ですが、子どものころ、父が、『角瓶』を押し頂くようにして飲んでいたのを覚えています。今ではポピュラーな酒の代表である『角瓶』などでも、当時は大変な貴重品で、一本一本、化粧箱に入っていました。『オールド』に到るや、高嶺《たかね》の花もいいところでした。

一九七〇年代になり、豊かさを実感できる時代になると、当初、高級品で贈答の花形だった『オールド』は手の届く存在となり、驚異的な人気を誇り始めます。

そもそも日本人の味覚に合うように設計されていたこともあり、『オールド』は、和食とウイスキーの水割りが楽しまれる時代にマッチする酒として、大衆に受け入れられてゆきます。

ウイスキーは、また高度成長時代の日本の企業戦士を支えた酒でもあります。サントリーの場合、一九六〇年代になると、『ホワイト』『角瓶』『オールド』に加え、『スペシャルリザーブ』『ローヤル』が登場、ブレンデッドウイスキーのラインナップを形成します。

それは、あたかも、企業社会における地位とパラレルになるよう、ヒエラルキーを形成しているようにも見えます。

実際、高度成長時代の日本では、「係長から課長に昇進したら、『オールド』を飲む」とか、「部長の昇進祝いには、『スペシャルリザーブ』がいい」とか、「局長と一緒なら、大手を振って『ローヤル』が飲める」というような風潮が確かに存在したようです。

思えば、微笑ましい時代です。ちょっとでもランクのいい酒が飲めるのをひとつの気持ちの張り合いとして、日々の仕事に精を出すというような方々も、当時は、少なくなかったのではないでしょうか。

でも、最近は、すっかりそういう風潮は廃《すた》れたようです。部長が新入社員を連れてバーに飲みに行ったら、いきなり、新人君が、高級シングルモルトのロックを注文し、部長を驚かせるというのも、珍しくはないでしょうから。

冒頭、日本のウイスキーの消費が、一九八三年をピークに下降線を辿ったと指摘しましたが、それは、縦割り一辺倒の日本の企業社会の風景が、変化を遂げ始めた時期に奇妙に一致します。もはや平社員が『ローヤル』党であってていいし、部長が『角瓶』好きであっても一向に構わない時代になったのです。

多様化・個性化の時代

実は、ウイスキーづくりの現場も、その変化は強く意識しています。それまでは、各ブランド間の距離が、原酒の貯蔵年数の違いであったり、モルト原酒の比率の違いであったりしたのが、次第に、ブランド自体の個性を重要視するようなウイスキーづくりへと、少しずつ変化していったのです。

社会において価値観が多様化してゆくのと軌を一にして、ウイスキーの嗜好も、多様化・個性化してゆく。それは、社会が成熟してきたことをも意味し、ウイスキーも、本格的な酒を好む傾向が強まっていきます。

そうした時代の要請を先取りするようにして登場したのが、山崎、白州の両蒸溜所で作られるシングルモルトであり、プレミアムブレンデッドウイスキーの『響』シリーズです。

日本を代表するシングルモルトといえる『山崎』が最初に発売されたのは、一九八四年。その時点で、蒸溜所が稼働を開始してから、六十年が経過しています。

その後、山崎蒸溜所では、施設の思いきった改修が行われました。ひとつは、それまで蒸気を使った間接加熱方式だったポットスチルに、直火式の釜を導入したこと。もうひとつは、ウイスキーのモロミづくりに使う発酵槽として、従来のステンレス槽に加え、木桶槽を採用したこと。これらは、個性を重視するウイスキーづくりに欠かせない先行投資で、これを断行されたことは、私の前にチーフブレンダーを務められた稲富孝一さんや工場長であった嶋谷幸雄さんの大きな功績だと思っています。

一方、山梨県甲斐駒ヶ岳の麓に佇《たたず》む白州蒸溜所は、一九七三年、サントリーのウイスキー事業五十周年に操業を開始しています。こちらの蒸溜所でも、一九八一年に直火蒸溜、木桶発酵を導入しました。

今日、サントリーのシングルモルトやプレミアムブレンデッドウイスキーが、世界的に高い評価を受けているのは、それらの努力と無縁ではありえません。

ハイボール・ブームという追い風を受けて、ウイスキー業界がダウントレンドを脱しつつある今、個性重視、本物指向を重視するウイスキーづくりが、一層求められてゆくことになるでしょう。

第二章　日本のウイスキーのつくられ方

日本の風土とウイスキー

先に、日本の気候風土はウイスキーづくりにハンデとならないと指摘しました。確かに、空気の乾燥したカナダやアメリカなどより、梅雨があり湿潤な日本は、よほど本場スコットランドの風土に似通っており、ウイスキーらしいウイスキーづくりに勤《いそ》しむことが可能です。

とはいえ、冷涼なスコットランドに比べると、高温多湿である点、全く同条件とはいきません。高温多湿であるということは、熟成が早く進むことを意味し、貯蔵工程で、モルト原酒が味や香りのバランスを崩さないよう、現場で細心の注意を図る必要が生じます。

日本の気候風土の中で、当初は、スコッチウイスキーをそのまま再現することを目指し、やがては、気候風土を活かしながら、日本人の味覚にマッチしたジャパニーズウイスキーづくりが行われてきたのです。

では、五大ウイスキーのひとつとされるジャパニーズウイスキーの特徴とは何でしょう？　本場スコッチを学ぶことから始め、日本人の味覚に合ったウイスキーを完成させたといわれるジャパニーズウイスキーの個性とは、いったいどのようなものなのか？

この問いかけは、私がブレンダー室に異動となって以来、やがてチーフブレンダーとして、サントリー・ウイスキーの品質全般を統括するようになって以降も、ずっと、頭の片隅にあって離れることなく渦巻いています。

アイラ島で発見した『白州12年』の真価

二〇〇八年六月のある日、私は、脳科学者の茂木健一郎さんと一緒にアイラ島の宿の前のテラスに席を占めていました。

アイラ島にある、ボウモア蒸溜所（撮影＝佐藤慎吾）

茂木さんが、「海全体が完全な鏡面になったような」と呼んだ美しいボウモア湾をぼんやりと眺め、潮風を浴びながら、『白州12年』のシングルモルトのグラスを傾けていたとき、本当に突然、天から降り立ったように、ジャパニーズウイスキーのあるべき姿が、くっきりと浮かび上がるのを感じたのです。

おそらくは、スコットランドの旅に出てからというもの、蒸溜所を巡りながら、ずっと、スコットランドのモルトを飲み続けてきたせいもあったのでしょう。『白州12年』はとても優しく感じられ、そのフレッシュで透明感のある香りがとても新鮮に迫ってきました。

アイラ島では、現在、八つの蒸溜所が稼働中。それぞれ個性が異なりますが、総じてピート香の強い、スモーキーな酒という特徴を持っています。

『白州12年』を構成するモルト原酒にも、スモーキーな麦芽を使っていますが、アイラ島のモルトとは、全然、スモーキーな香りの表れ方が違っています。そのとき、茂木さんは、『白州12年』の味わいを「日本女性のたおやかさ」と評され、「春の陽射しのような日本の田園の風景が思い浮かべられる」とおっしゃいました。

残念ながら、私は、茂木さんのように美しい文学的な言葉で語る表現力を持ちあわせませんが、おっしゃりたいことは、よく理解しました。

異境にあって感じたジャパニーズウイスキーの個性。決して声高な自己主張はしないけれども、凛《りん》とした香りと味わいを、本場スコットランドで感じ取れたことは、本当に幸せな瞬間でした。

おそらく、この個性は、日本人好みのものではあっても、本場スコッチにないものとして、やはり、スコットランドをはじめとする諸外国のウイスキー好きから、評価を受けるに値するだろう。私はそう確信したのです。

ウイスキーとワインの違い

では、そのようなジャパニーズウイスキーの個性は、どのようなところに由来するのでしょう。ここで、私が日頃、仕事をしているサントリー山崎蒸溜所を例に、ウイスキーの製造過程を辿ってみることにします。

ウイスキーの定義は、「穀物を原料として、糖化、発酵、蒸溜を行い、木製の小樽に貯蔵し、熟成させた酒」というあたりに落ち着くでしょう。

原料となる穀物は、アメリカンウイスキーであれば、トウモロコシやライ麦、小麦なども用いますが、スコッチ同様にジャパニーズウイスキーのモルト原酒の原料には、二条大麦の麦芽が用いられます（ブレンデッドウイスキーを作るときに混ぜ合わせるグレーンウイスキーはこの限りではなく、小麦、トウモロコシなども用いられます）。

これが、日本酒であれば、酒造好適米というようなものが存在し、山田錦、美山錦といった特定の銘柄が珍重されています。また、吟醸タイプの酒となると、米を磨いて、何割をも捨て去ることが行われています。

またワインであれば、当然、どの地方のどの畑で収穫されたブドウなのか、どんな品種であるのか、という出自が、厳密に問われます。いわゆるテロワールが重視される世界です。

ウイスキーの原料となる二条大麦にも、オプティップ種やゴールデンプロミス種など、適した種類は存在します。

しかし、醸造酒が原料の産地や品種に強くこだわるのに対し、醸造（発酵）の後、蒸溜、貯蔵工程を経てつくられるウイスキーは、原料の産地や品種はさほど重要ではないといえるでしょう。

ウイスキーにおいても、最近では、蒸溜する土地の大麦を原料に使うことにこだわったオーガニックなものも登場しており、それはそれで面白い試みだと思います。

しかし、要は、アルコールを発酵させるために、でんぷん質がしっかりあって、タンパク質などほかの成分とのバランスが取れていることが重要だと言えるでしょう。

ビールの原料にも、この二条大麦の麦芽が使われます。ですから、ビールとウイスキーの原料は基本的に同じということになります。ちなみに、麦芽の英語名がモルト。したがって、モルトウイスキーとは、麦芽を原料とするウイスキーという意味になります。

清澄麦汁と仕込み水

この二条大麦をウイスキーの仕込みに使うためには、種子を発芽させて乾燥させる必要があります。ウイスキーの場合、乾燥の際、必要に応じて、ピートを焚くことで、香りづけが行われます。このピート香の有無や程度が、後に、ウイスキーの香りと味わいに大きな影響を与えます。

仕込み工程では、この大麦麦芽を粉砕し温水を加えて、糖化させ、麦汁と呼ばれる麦のジュースを作ります。ここでのポイントは、出来上がる麦汁の透明度。これが品質を大きく左右します。サントリーの場合、麦汁の透明度に随分とこだわっています。「清澄《せいちょう》麦汁」という言い方をしますが、そうすることで、エステリー（華やか）な香り成分に富んだフルーティさを表現する原酒になる可能性が高まるのです。濁ったものだと、結構、穀物系のごつごつとした味わいの原酒となってゆく。むろん、バリエーションの中では、そういう原酒を狙って作る場合もあります。

透明度を上げるためには、麦芽を細かく粉砕するわけですが、細かくし過ぎると、今度は、釜の底のフィルターに目詰まりしてしまい、濾過《ろか》が上手くいかなくなる。粗過ぎると、麦汁を濁らせてしまう。現場はそのベストバランスを取りながら、粉砕してゆく。

むろん、仕込みに使われる水の質と個性も、後の原酒の味を決める大きな要素となります。その点、サントリーの山崎蒸溜所は、前章で触れたごとく、古来より名水の里で、そのクオリティの高さは折り紙付き。一方、白州蒸溜所は、南アルプス甲斐駒ヶ岳の麓にあり、ナチュラルミネラルウォーターの『サントリー天然水(南アルプス)』の取水地でもあります。そして、この両者の水は、硬度の点などで明らかに異なり、それが、『山崎』と『白州』のシングルモルトの味や香りの違いを生み、サントリーが誇るモルト原酒の多彩さを演出するのです。

発酵の主役と脇役

そうして約十三パーセントの糖分を含む麦汁を得ると、次は発酵工程に入ります。こ

木桶の発酵槽（撮影＝岡倉禎志）

こでは、麦汁を発酵槽に移し、酵母の力を借りて、アルコールを生成します。

　サントリーでは、さまざまなモルト原酒を作るため、多種多様な酵母の中から、イメージするウイスキーの香味にふさわしい酵母を厳選し、加えてゆくのです。

　また、サントリーでは、ディスティラーズイースト（ウイスキー酵母）とブリュワーズイースト（エール酵母）を混ぜて混合発酵させています。

　前者は効率的にアルコールを生成するよう開発された酵母で、後者はイギリスやアイルランドなどで飲まれているエールビールの醸造に使われる酵母です。

この二種類の酵母で混合発酵を行うと、単独で発酵させたものに比べ、成分がリッチになるという不思議な傾向があるのです。研究でも、その方が、香りが複雑で、ボディのしっかりとしたモルト原酒が出来上がることが明らかになっています。

もともと、スコットランドで伝統的に行われている手法ですが、最近は、イギリスでエールビールが飲まれなくなってきたこともあり、ディスティラーズイーストだけで発酵させるスコッチの蒸溜所が増えているようです。

発酵の主役は当然、酵母。が、その働きもさることながら、ここで忘れてならないのが、脇役の乳酸菌の存在です。酵母が活発な発酵を終え、死滅期に入ると、今度は、入れ替わりに乳酸菌が活躍し始めます。したがって、日本酒やワインと同様、ウイスキーの醸造においても、乳酸菌は欠かせません。

ところで、先に、われわれの蒸溜所では、発酵槽を木桶のタイプに回帰させたということを紹介しました。実は、その最大の理由は、この乳酸菌対策にあるのです。発酵槽を木桶とすることで、乳酸菌を住まわせて定着させ、酵母と乳酸菌の共同作業をより活発なものにしよう、という狙いがあるのです。

蒸溜されたばかりのニューポット（撮影＝岡倉禎志）

ウイスキーに限った話ではありませんが、酒づくりは、微生物の協力なしには成り立ちません。そしてその効用については、まだまだ不思議なことが多い。

われわれは、常に、科学では解明できない部分で、見えざる手がウイスキーづくりに働いているという謙虚な気持ちを失ってはいけないのだと思います。

ニューポットに望むもの

発酵によってモロミが出来上がると、いよいよ、蒸溜工程を迎えます。モロミは、ポットスチルと呼ばれる銅製の単式蒸溜器で蒸溜され、アルコール度数の高いスピリッツ（ニューポット）が生成されるのです。

フランス語でオー・ド・ヴィー、ラテン語でアクア・ヴィテ、ゲール語でウシュク・ベーハーというのは、すべてが同じ意味で、訳すれば、「生命の水」。まさにここで生成されるニューポットのことで、このゲール語が、後に、ウスケボーとなり、イングランドでウイスキーという単語に変貌したといわれています。

ポットスチルは通常二つの釜でワンセットとなっていて、初溜と再溜の二回の蒸溜が行われます。前者では、アルコール濃度が約六~七パーセントくらいだったモロミが、二十二~二十三パーセント程度にまで高められ、後者により、その濃度は六十五~七十パーセント前後にまで高められてゆく。アルコール濃度が高まるだけではなく、蒸溜工程を経ることにより、モロミの中の香味成分も濃縮されるのです。

ちなみに、再溜時にポットスチルから出てくるニューポットのうち、最初と最後の液はカットされ、再び、初溜液に戻されます。これは、初めに出てくる液は刺激的な香り成分が多く、終わりの方の液はアンクリーンな成分が多く雑味のもととなるため。樽に詰められるスピリッツは、この最初と最後の液をカットした中溜の部分だけですが、どこまでをカットするかは、蒸溜所それぞれのこだわりによって異なります。

　また、加熱方式には、蒸気により間接的に加熱する方法と直火で加熱する方法があります。

　もともと、ウイスキーは石炭による直火焚きだったものが、蒸気による間接加熱にかわってゆく。直火では、固形物が釜の底に沈殿し、焦げという現象を起こしやすく、設備コストや作業性なども考慮して、スコットランドの蒸溜所でも、今では、その多くがこちらを採用しています。

　しかし、焦げというものは、香ばしさにつながるものでもある。リッチな成分を求めるには、直火の魅力は捨て難い。そんな思いから、山崎蒸溜所や白州蒸溜所では、ウイスキーづくりの原点に戻り、後者の比率を高くしています。

　ポットスチルから滴《したた》り落ちたばかりのニューポットは、無色透明で、力強い反面少々単調で粗削りな味がします。

　この荒々しく、無色透明な液体を、続く貯蔵工程で、樽熟成をさせると、深い琥珀色を帯び、芳香に富む、まろやかな酒へと変貌を遂げてゆきます。

ウイスキーを人間に例えると、ニューポットは「生まれつきの資質」にあたり、樽による貯蔵は、「育ち方や周囲の環境」といえるでしょうか。いくら長期間の貯蔵をしても、生まれつきの資質が乏しければ、いいモルト原酒にはなりません。

したがって、われわれは、ニューポットの段階から、できるだけ潜在力のある複雑なものを目指します。ニューポットが本来持っているパワーと樽の持っているパワーの競争、ぶつかり合いが、妙なるモルト原酒を生むのです。

日本が独自発展した事情

スコットランドには、ざっと百近いウイスキー蒸溜所があります。彼らは、自前で作ったモルト原酒をもとに、シングルモルトを市場に出すと同時に、ディアジオ社のような大手のディスティラーに原酒を売っています。

『バランタイン』『ジョニーウォーカー』『シーバスリーガル』といった世界的に著名なブレンデッドウイスキーは、スコットランドのいくつもの蒸溜所からモルト原酒を「桶買い」し、それにグレーンウイスキーを混和して、作り上げられていきます。

スコットランドでは、蒸溜所どうしが、互いにモルト原酒を交換するのが、昔から商習慣として定着しているのです。

全く個性の異なる蒸溜所のモルト原酒を混ぜ合わせ、ブレンデッドウイスキーを作りあげてゆくのは、ブレンダーの仕事。だからこそ、ひとつのブランドの質と個性を決めるのは、ブレンダーの腕にかかっているといえるのです。

翻《ひるがえ》って日本の場合はどうなのか。サントリーでもニッカでも、ほかの会社の蒸溜所とモルト原酒を交換する商習慣は、当然ながら、存在しません。したがって、日本のウイスキーのメーカーは、自前の蒸溜所で、シングルモルトやブレンデッドウイスキーを作り、販売することになります。

その場合、モルト原酒だけで構成されるシングルモルトはまだしも、ブレンダーが微妙なバランス感覚で練り上げてゆく美味しいブレンデッドウイスキーを提供するためには、できるだけ種類の異なるモルト原酒を揃えていることが前提となります。

序章でも触れましたが、シングルモルトにおいても、単一の樽からできたモルト原酒だけで作られるシングルカスクは別にして、通常は、ひとつの蒸溜所の複数の樽のモルト原酒を混ぜて作ります。これを専門的には、ヴァッティングと呼び、モルト原酒とグレーン原酒を混ぜるブレンディングと区別しています。

日本のウイスキーメーカーは、モルト原酒を自前で揃えるように努力してきたこともあって、複雑で個性的なヴァッティングができるのです。

日本のシングルモルトが醸す、プレミアムなブレンデッドウイスキーのように穏やかでいながら繊細な味わいは、その作られ方にも由来するのでしょう。

世界的にも珍しい複合蒸溜所

それはともあれ、サントリーでは、発酵においては、タイプの異なる酵母や発酵槽（ステンレス槽、木桶槽）を用い、蒸溜に際しても、さまざまな形のポットスチルを使いこなすことで、個性の異なるモルト原酒を揃えることに腐心してきました。また、後述するように、貯蔵工程では、材質、形状、大きさの異なる樽を使うことで、ライト、ミディアム、ヘヴィー、スモーキーといった多彩な個性のモルト原酒をつくりあげています。

つまり、山崎蒸溜所や白州蒸溜所は、シングルモルトにおいてもブレンデッドウイスキーにおいても、スコットランドであれば相当数の蒸溜所を集めたほどのモルト原酒を具有していると言えるでしょう。世界でもユニークな複合蒸溜所といわれるゆえんで、ここにジャパニーズウイスキーのひとつの特徴を見ることができるのです。

一方、ポットスチルですが、サントリーの場合、山崎蒸溜所で六セット（初溜釜と再溜釜）、白州蒸溜所でも五セット、都合十一セットを備えています。しかも、ポットスチルの形状や大きさ、加熱方式を変えることで、バリエーションに富んだニューポットを生み出すことを目指しています。

スコットランドの蒸溜所に行くと、ほとんどの場合、並んでいるポットスチルの種類はひとつですから、この違いは大きい。

ウイスキーづくりという錬金術

ポットスチルは、おおまかにいうと、三つの部分から構成されます。モロミを入れて加熱し、成分を蒸発させる釜。蒸気を冷却させる冷却器。そして釜と冷却器を結ぶパイプ（ラインアーム）がある。また釜の上部は膨らんでいて「かぶと」と呼ばれています。

山崎、白州の両蒸溜所のポットスチルを子細に観察してみると、それぞれの「かぶと」のふくれ具合が微妙に異なり、ラインアームの長さや取り付けられた角度にも違いがあることが分かります。

ポットスチルのタイプは、その「かぶと」の形状により、ストレートヘッド、バルジ、ランタンヘッドのおよそ三タイプに分かれます。

ストレートヘッドは「かぶと」のくびれがないもの。また「かぶと」にくびれがあるものは、そのくびれ方で、バルジ、ランタンヘッドに分かれるのです。

一般に、ストレートヘッドは、ボディのしっかりした重厚な味わいのニューポットを生み、バルジやランタンヘッドは軽快で華やかな洗練された香りが持ち味になります。

また、ラインアームの長さも、当然、ニューポットの性格に影響します。ラインアームが長く上向きなものはすっきり軽く、香り華やかなタイプに仕上がります。下向きは重め、水平型はその中間ということになります。

ポットスチルが銅でできているのも理由があり、スコットランドで最初に導入された

ポットスチル。手前はストレートヘッド、奥はバルジ（撮影＝西村純）

ときは、加工しやすい素材だったからだといいます。そうであるなら、ステンレス製にした方がよほど安上がりになると思いますが、その後の研究で、今では、銅は未熟で不快な香りの除去など、さまざまな化学反応に関与することが明らかにされています。銅の釜で蒸溜することは、美味しいウイスキーづくりに欠かせない工程なのです。

それにしても、蒸溜室に置かれた赤銅色のポットスチルの姿の何と美しいことでしょう。中世のヨーロッパでは、この小型のアランビック蒸溜器を用い、錬金術師が、黄金を精製することを夢見たといいますが、このポットスチルを眺めていると、ウイスキーづくりこそ、まさに、現代の錬金術そのものであるような気がしてなりません。

樽貯蔵と神秘のメカニズム

蒸溜によって産声を上げたニューポットは、その個性に見合った樽の中に詰められ、それから五年、十年、二十年という時間の旅を続けます。

前述したように、世界には、スコッチ、アイリッシュ、アメリカン、カナディアン、そしてジャパニーズと五大ウイスキーがあります。使用する原料や製造方法はさまざまですが、いずれも、蒸溜したての原酒をオークの樽に詰めて熟成させるという点だけは共通しています。

さきほど、ニューポットは「生まれつきの資質」にあたり、樽による貯蔵は、「育ち方や周囲の環境」であると記しましたが、人間でも氏より育ちというように、ウイスキーをウイスキーたらしめているのは、この木の樽による貯蔵といえるでしょう。

では、いつ頃から、ウイスキーの貯蔵・熟成に、オーク樽が用いられることになったのでしょう。残念ながら、明確なことは何も分かっていません。しかし、一般には、苛酷な酒税を逃れるため、密造者たちがシェリー酒の空き樽に詰めて洞窟に隠したのが、その初めだと推測されています。そして、あるとき、誰かが樽を見つけ、栓を開けたところ、今までに見たことのない琥珀色に輝く液体があった。飲んでみると、得もいわれない甘美な味わいがする。そして、ニューポットを樽に詰める習慣が、いつの間にか、定着していったといわれています。

ひょうたんから駒のように誕生したのが、ウイスキーづくりにおける樽熟成の神秘的なプロセスなのです。

ウイスキーは、樽の中で長期間、貯蔵されて熟成することで完成する酒。樽は、単に原酒を詰める容器にとどまらず、俗に「ゆりかご」といわれるように、反応容器として大切に管理されています。

ニューポットは、樽に詰められ貯蔵されることで、樽の木材由来のさまざまな成分が溶け込み、複雑な化学反応を起こします。また、木材であるがゆえ、外部からさまざまな香りが溶け込んでくる可能性があります。

スコットランドのアイラ島の八つの蒸溜所は、いずれも、海辺の近くにあり、貯蔵所の壁に波しぶきが打ちつけている光景を目にすることができます。アイラ島のシングルモルトの独特の味わいは、むろん、主にピート香によるのでしょうが、この海辺の潮風に由来する部分も少なくないはず。ウイスキーとは、まさに風土の影響を受けながら作られていく酒なのです。

天使の分け前の意味するもの

ニューポットを樽貯蔵すると、当然ながら、樽の中のアルコールや水分は、時とともに、蒸発してゆきます。これが天使の分け前といわれるもので、その分量は、その土地、その年の温度や湿度によって、刻々と変化します。

通常、天使の分け前は、年間一～三パーセントといったところ。しかし、高温多湿の土地は当然、蒸発率は高くなります。最近、評価を高めている台湾のウイスキーですが、モルト原酒の年間の蒸発率は八パーセントくらい。ウイスキー大国で知られるインドの場合、天使に納める量は約十三パーセントにも達するようです。

これから地球温暖化が進むと、天使に納めなければならない量はますます増えてきます。二酸化炭素排出問題は、ウイスキーメーカーにとっても他人事ではありません。

天使の分け前は、当然ながら、ウイスキーを作るわれわれの側にとって大きな経済的損失であるわけで、どうすれば、その損失を少しでも食い止められるか、研究が行われています。その一方で、熟成という観点から見れば、あながち、マイナス材料ばかりというわけでもない。

蒸発率が高いということは、熟成のスピードが早いということだし、アルコールが蒸発するということは、香気成分が濃縮してゆく行為でもあるのです。

貯蔵環境と樽熟成

またひとことで原酒の蒸発といっても、実は、アルコールの挙動と水の挙動を分けて考えなければならない側面もあります。アルコールは温度が高くなれば外に出ていきますが、水の蒸発は、湿度の高低に左右されます。湿度が低ければ、余計外に出ていきますが、逆に高ければ、水を取りこんで、アルコール度数が下がってゆく。

むろん、その土地の温度や湿度だけではなく、貯蔵庫の置かれた環境によっても、この天使の分け前は微妙に変わっていきます。貯蔵庫の窓がどこについているか、北向きにあるのか、南向きか。樽が何段目に積んであるのか。白州蒸溜所の場合、敷地内で標高差がありますので、下と上の貯蔵庫で、結構、熟成のあり方は異なってきます。

貯蔵庫内に置かれた樽自体の位置によっても、天使の分け前や熟成速度が変化します。東西南北、上下ですべて異なってきます。山崎蒸溜所の貯蔵庫は、建物の裏側に池があります。池に近いところと遠いところで、熟成の具合が異なります。また貯蔵庫内でも、一番南から北に向かって、一樽ずつ、階段状に蒸発率が違ってきます。

さきほど、アイラ島の蒸溜所の話をしましたが、そういうわけで、われわれ日本の蒸溜所もまた、当然、日本の風土の恩恵と制約を受けています。

温度が高いということは、熟成が早い反面、ともすると木の個性が強く出てバランスを崩しやすいという厄介な面がある。

だからこそ、日本でウイスキーづくりに携わるには、結局、作り手が熟成の過程をしっかりと追いかけてやらなければなりません。

樽個々の熟成度を丁寧にチェックして、思ったよりも熟成が進んでいるか、遅れてい

山崎蒸溜所の貯蔵庫（撮影＝西村純）

るかなどを判断し、場合によっては、樽の位置を変えたり、樽の詰め替えをしたりする。

ブレンダーと貯蔵のスタッフとが共同で、そういうきめ細かい配慮を繰り返すことが、美味しいウイスキーづくりに直結してゆきます。ウイスキーを育てるには時には過保護な親に徹することも必要なのです。

理想の樽を追い求めて

私は、ブレンダー室に異動となるまで、サントリーの中央研究所（現・研究センター）というところで、主に樽熟成の研究をし、さらに山崎蒸溜所でも、三年間、原酒の貯蔵部門に所属していました。

したがって、ウイスキーづくりのいろいろな工程の中でも、樽や貯蔵に関しては、特にこだわりを持っています。

樽は金釘や接着剤を使わず、オーク材を削った板と帯鉄だけでできています。

私の勤めるサントリーは、昔から、自前で樽工場を設け、クーパレッジ（樽作り）の技術、技能の向上に力を注いできました。そして、今でも、滋賀県の近江エージングセラーと、山梨県の白州蒸溜所の近くにある二つの製樽《せいだる》工場で、様々な樽を作り、また、貯蔵に使用した古樽の修理を行っています。

スコットランドの酒造メーカーでは、新樽の製造は、専門の業者に一任するのが一般的で、自前で樽を作ったり、本格的修理をしたりする機能を持った蒸溜所はほとんどなく、世界的に珍しい存在ではないでしょうか。

したがって、モルト原酒の熟成のため、理想の樽を追い求めるという情熱においても、日本のウイスキーづくりは、決して本場スコットランドに劣っているとは思えません。

いや、むしろ、世界に先駆けていた点が多分にあると思います。

今でこそ、一度樽から出したモルト原酒から作ったシングルモルトを、別のワイン樽やコニャック樽などで、後熟することが盛んに行われていますが、われわれは、随分昔から、ニューポットを様々なお酒の樽で熟成させる、ということを試みてきました。

私が樽や熟成の研究をしていた頃、サントリーには、加藤定彦さんという先輩がおり、おそらく、樽とオークに関する研究と実践では、世界でも指折りの学識と経験を備えた方だったと思います。

樽に関しては、その加藤さんの『樽とオークに魅せられて』（TBSブリタニカ［現・阪急コミュニケーションズ］、二〇〇〇年）という名著がありますので、ご興味のある方はそちらをぜひ、お読みください。ここでは、加藤さんに仕込まれた樽の基礎知識について、みなさまにご紹介させていただきます。

貯蔵樽のいろいろ

スコッチウイスキーの貯蔵には、一般に、新樽が使われることはほとんどありません。新樽を用いるとタンニンなどの成分が出過ぎて、香味がきつくなってしまう。新樽は、長期熟成が要求されるウイスキーづくりには、元来、適さないのです。

スコットランドの酒づくりをお手本とするジャパニーズウイスキーの場合も同様で、モルト原酒の貯蔵には、一度、シェリー酒や、バーボンウイスキーの貯蔵に使用された樽が多く使われています。

モルト原酒の貯蔵に使われた樽は、二度、三度と使われます。

一般に、一度目よりは二度目の方が、樽が練られるため、より長期の熟成に適し、上品な木香の熟成原酒を育ててくれます。

四度目のお勤めとなると、さすがに樽材の成分が枯れて、木の香りの影響が軽くなります。とはいえ、よくしたもので、これらの樽は、ブレンド後のウイスキーや、グレーンウイスキーの原酒を詰めるのに適しているのです。

では、ウイスキーの貯蔵に使われる樽には、どんな種類（樽材、形状、大きさ）があるのでしょうか。

大きいものから順番にいえば、パンチョン、シェリー樽、ホッグスヘッド、バーレルという具合に分類できます（69ページ図1参照）。パンチョンとシェリー樽は同じ容量で

図1　貯蔵樽の種類

バーレル（最大径約65cm/ 長さ約86cm/ 容量約180L）

内側を強く焼き、バーボンの熟成に1回使用した樽。モルトの熟成に適している。熟成が早く、繰り返し使った古樽は、上品な木香の原酒を育む。

ホッグスヘッド（最大径約72cm/ 長さ約82cm/ 容量約230L）

バーレルを一旦解体した側板を活用し、大きい鏡板を使った樽。熟成はバーレルと同じように早めで、まろやかな木香の原酒を育む。

パンチョン（最大径約96cm/ 長さ約107cm/ 容量約480L）

ずんぐりとした形が特徴。北米産ホワイトオークの柾目板だけを厳選。すっきりとした木香の原酒を育む。

シェリー樽（最大径約89cm/ 長さ約128cm/ 容量約480L）

スペインでシェリーの貯蔵用につくられ、使われてきたヨーロピアンオークの樽。シェリー樽ならではの色あいとともに、深みのある独特の熟成香が得られる。

ミズナラ樽

樽材に日本産オーク（ミズナラ）を使用。当初、ホワイトオークと比べ、その熟成は期待通りではなかった。しかし、長期貯蔵することで、ミズナラ樽原酒はスコッチにはない伽羅の香りとも白檀の香りとも喩えられる独特の熟成香を身につけ、オリエンタルなウイスキーを育む日本ならではの貯蔵樽となった。その形状は、パンチョンタイプとシェリー樽タイプの2種類がある。

四百八十リットル、ホッグスヘッドは二百三十リットル、そしてバーレルは百八十リットルです。

パンチョン樽は、本来ラム酒に使われていた樽。スコットランドでは現在、ほとんど用いられませんが、樽内でウイスキーが接触する単位容量当たりの面積が少なく、熟成がゆっくりと進むため、サントリーの山崎蒸溜所の原酒に多く用いています。樽材には、北米のホワイトオーク材が主に使われています。

ウイスキーが、密造者が隠し酒に使っていたシェリー酒の空き樽から誕生したという説があります。その意味では、シェリー樽は、ウイスキーの正統を継ぐものといえるのかもしれません。

このシェリー樽で十年ほど熟成させると、ウイスキーの色はホワイトオークの樽以上に濃くなり、赤く輝きます。香味も芳醇。一九二四年、山崎蒸溜所で最初に蒸溜された原酒を詰めた樽はスペインからやって来たシェリー樽でした。むろん、スコッチに負けないシェリー樽熟成のモルト原酒づくりには、古くから、挑戦してきました。

バーレル樽は、バーボンの空き樽であるバーレルを使用しています。ウイスキーの新樽を作るときには、樽の曲げ加工後、「チャー」といって内面を焼いたり、焙煎《ばいせん》したりします。これは樽材の成分を引き出すために欠かせない作業となります。

ところで、このときに生じるバニラの香りや焦げた感じの香りは、ややもすると、スコッチタイプのウイスキーには邪魔になりますが、逆に、バーボンウイスキーの場合、その特徴となるのです。したがって、バーボンウイスキーは、新樽のみで作られ、古樽を使ったものは、バーボンウイスキーと認定されません。

そこで、持ちつ持たれつといいますか、捨てるしかなかった古樽が、二十世紀後半以降、スコッチや日本のウイスキーメーカーによって再使用されるようになってゆきます。

樽材はむろん、北米産のホワイトオークです。

このバーボンバーレルを解体し、樽の胴径をやや大きくして組み直したのが、ホッグスヘッド樽。ホッグスヘッドは直訳すると豚の頭。豚一頭分の大きさ、重さであることから、この名がつきました。サントリーでは、山崎蒸溜所に比べて低温で熟成が遅い白州蒸溜所で、このバーレル樽やホッグスヘッド樽が多く用いられており、白州の森の貯蔵庫に眠るモルト原酒の特徴を形づくっています。

ミズナラ樽の奇跡

以上の記述でもお分かりのように、樽材として、現在もっとも多く使用されているものは、北米産のホワイトオークです。しかしながら、サントリーでは、このほか、スパニッシュオーク、日本のミズナラなども樽材に用いています。

同じ樽でも、北米産のホワイトオークより欧州産のスパニッシュオークの方が、ポリフェノールやタンニンが強く、当然、樽熟成による香りもより芳醇になります。

ミズナラ樽は、サントリーが第二次世界大戦当時からつくり始めた、ジャパニーズウイスキー固有の樽。今も北海道産を主体にミズナラで作られています。オーク材が自由に調達できない中、やむなく始まった国産材での樽作りでした。

面白いことに、新樽では木香が強すぎたのが、二回、三回と繰り返し使用されると独特の味わいの原酒となっていったのです。

香木の伽羅の匂いともいわれ、実にユニークな香味なのですね。プレミアムブレンデッドウイスキーの『響』シリーズには欠かせない隠し味として使われています。

ちなみに、ミズナラは、ウイスキーの世界では、ジャパニーズオークと呼ばれ、ジャパニーズウイスキーの独特の特徴を語るときの、ひとつの象徴となっています。

貯蔵庫の中は、万樽万酒

樽材（ホワイトオーク、スパニッシュオーク、ミズナラ）、樽の形状・大きさ（パンチョン、シェリー樽、バーレル、ホッグスヘッド）、前回入っていたウイスキー原酒のタイプ、以前に詰められていた樽の中味（シェリー酒、バーボンウイスキー、ワインなど）、樽の使用回数。

かくして樽ひとつをとってもさまざまで、それにより、何タイプものモルト原酒が作り分けられることがお分かりいただけたことと思います。

これに、蒸溜所のある土地の気候風土、貯蔵庫の位置、貯蔵庫内に置かれる場所によって、さまざまに、樽熟成が変化してゆくことは、先にご説明しました。

むろん、これには樽に詰めるニューポット自体の個性が加わります。麦芽にどれだけピート香を効かせたのか。仕込みにどんな水を使ったのか。酵母に何を用いたのか。そしてどんなタイプのポットスチルで蒸溜したのか。

さまざまな異なるＤＮＡ（潜在能力）を持ったウイスキーの赤ん坊（ニューポット）が、それこそ、樽貯蔵という千差万別の環境に置かれ、育ってゆく。

樽博士の加藤定彦さんは、先の著書の中で、万樽万酒という表現を使われていますが、まさに言い得て妙。モルト原酒は、一樽一樽、品質も個性も異なります。だからこそ、ウイスキーづくりの世界は難しくもあり、また面白くもあるのです。

コラム②　蒸溜酒と醸造酒

本章でも、蒸溜酒と醸造酒について触れましたが、ここで今一度おさらいをしておきましょう。

世界中のお酒は、大別すると、醸造酒、蒸溜酒、混成酒という三つのカテゴリーに分かれます。「醸造」とは、酵母という微生物が糖分をアルコールと炭酸ガスに分解する行為をいい、その活動により作られたお酒を「醸造酒」と呼びます。代表的なものとして、ワイン、ビール、日本酒などを挙げることができます。

一方、「蒸溜」とは、沸点の低いアルコールと香味成分を加熱して蒸発させ、さらに再度、液化して抽出する方法。「醸造酒」を「蒸溜」することで、よりアルコール度の高い「蒸溜酒」を製造します。こちらの代表選手としては、ウイスキー、ブランデー、焼酎、ウォッカなどがあります。

上記の「醸造酒」や「蒸溜酒」に草根木皮、糖分や色素を加えて作るのが、「混成酒」。各種リキュール類、雑酒・発泡酒、それにみりんも、このカテゴリーに入ります。

使われている原料の側面からこれを眺めると、ビールとウイスキーはともに麦に由来し、ワインとブランデーはブドウに由来します。ウイスキーとブランデーは、原材料は異なりますが、醸造過程を経た酒を蒸溜し、さらに樽熟成を経て完成する点では、非常に似通った存在といえるでしょう。

ウイスキーは、麦やトウモロコシを原料として作られる蒸溜酒です。英語ではスピリッツといいます。穀物を原料とする蒸溜酒には、ほかに、ウォッカ、ジン、ラム、中国の白酒《パイチュウ》、日本や韓国の焼酎、琉球諸島の泡盛などがあります。

これらは、多くの場合、無色透明の状態で製品化されるため、ホワイト・スピリッツと称します。これらに対し、ウイスキーは、琥珀色を帯びていますので、ブラウン・スピリッツと呼ばれます。これは、ウイスキーが樽熟成を経て作られるためであることは、この小著の読者であれば、すでによくご承知のことと思います。

さまざまなスピリッツの中で、ウイスキーが世界的な普遍性を獲得したのは、この樽熟成の恩恵によるものが圧倒的な部分を占めるといえるでしょう。

製造工程を辿っても、発酵は酵母や乳酸菌という微生物の働きに左右されますし、樽熟成は、空気と時間にその結果を委ねるしかない世界です。人為的にコントロールできる部分とコントロールを超えた神秘的な部分のあわいに、ウイスキーという酒の魅力がたゆたっているのではないか、と思えてなりません。

第三章　ブレンダーが見ている世界

天体観測とウイスキー

私は、一九四九年、山梨県甲府市に生まれました。日本政府がポツダム宣言を受諾し、無条件降伏をしてから四年。まだ、社会は混沌としていました。

生家は、三代続いた写真館の輿水スタジオ。創業は、一八八九（明治二十二）年だったといいます。山梨県で一番古い写真館だと聞きました。

ですから、私の勤めるサントリーの創業者である鳥井信治郎が、一八九九（明治三十二）年に鳥井商店を興し、ぶどう酒の製造販売を始めるよりも古いことになります。

もっとも、写真館は、父が見切りをつけて私に跡を継がせなかったため、今はもうありません。

従兄に、阪急ブレーブスの黄金時代を築いた中沢伸二捕手がいます。そのため、山崎蒸溜所に勤務するようになってからは、よく、阪急の試合を見に行ったものです。

小学校三年のとき、父親が随筆家の野尻抱影さんの『天体と宇宙』という本を買ってくれて、それを読んで以来、天体に興味を持つようになりました。山梨県は、都会と違って星がきれいに見えるというのも、大きかったかもしれません。

山梨大学付属中学から県立甲府第一高校に進み、中高時代は天文地質部とバレーボール部をかけもちしていました。スポーツは得意な方かもしれません。

本当は東北大学で天文学を学びたかったのですが、受験に失敗し、第二志望の山梨大学に進学しました。学部は工学部でしたが、電気や機械にあまり興味がなく、あえて、あまり他でやっていなさそうな、発酵生産学科という特殊な学科を選びました。

大学の専攻は応用微生物。ワインの醸造の研究などを行っていました。このため、通常の学生より、お酒に親しむ機会は多かったかな、と思います。もっとも、当時はほとんどが日本酒。

発酵や微生物を学びながらも、天文の方への興味はやみがたく、学内に、自ら、天文同好会を立ち上げました。

ウイスキーに親しむようになったのは、その頃から。天体観測で山に出かけるとき、暖を取るために持っていったのがきっかけでした。

天文同好会では、八ヶ岳や清里などの山梨県内の山や高原に出かけては、ひたすら、お目当ての星を待った。写真も撮りましたが、長時間シャッターを開きっぱなしにします。そういうとき、ボトル一本で荷物にならないウイスキーは重宝しました。当時、飲んだのは、サントリーの『ホワイト』や『レッド』などでした。

最初の職場はボトリング工場

サントリーに入社したのは、一九七三年。思えば、この年に、サントリーのウイスキーづくり五十周年を期して山梨県に白州蒸溜所が誕生しています。山梨県には、サントリーの工場として、ほかに登美の丘ワイナリーもあり、とても身近な存在でした。さらに現在は同地に、『サントリー天然水（南アルプス）』を製造する白州工場もあります。

大学の授業でもお世話になっていたので、就職は自然な流れで決まりました。じわじわと磁力に引かれるように、ウイスキーに近づいていったといえるかもしれません。

入社後、配属された先は、神奈川県の武蔵小杉にある多摩川工場。当時は、ここで洋酒のボトリング（瓶詰）を行っていました。ウイスキーは右肩上がりの時代。洋酒のボトリングのラインが十もあるような、大きな工場でした。今は、商品開発の研究所になっているところです。

十ラインのうちの四つのラインが『オールド』という感じで、後はブランデーとか、ジンとか、『赤玉ポートワイン（現・赤玉スイートワイン）』『赤玉ハニーワイン』なども瓶詰していました。

ここに三年間いましたが、最初の一年間は、お客様からの苦情処理を担当する商品の品質管理係を担当しました。当時、静岡を境として、東は多摩川工場、西は本社、ビールは武蔵野工場が見るという体制。ですから、対象はビールを除いた全製品。商品知識に乏しい新入社員には、なかなかタフな現場でした。

その後が中味部門。例えば、山崎蒸溜所から運ばれてくる原酒を受け取って、それを製品に仕上げて瓶詰の部門に渡す。そんな仕事でした。

『オールド』でいえば、すでにヴァッティングされたモルト原酒を受け取り、愛知県知多にある蒸溜所で蒸溜されたグレーンウイスキーを、定められた比率通りに混ぜ合わせてゆく。混ぜた結果、製造工程由来の余計な香りがついていないか、正しい色になっているか、などを確かめるような作業も担いました。

テイスティングとかノーズィングなどとは、まるでレベルの違う話ではありますが、これが、自身でウイスキーの品質を舌や鼻で確かめる最初の行為ではありました。

その多摩川時代ですね、同じ工場の事務部門にいた女性と知り合ったのは。それが家内の美知子です。彼女も、そのときは、まさか後に私がブレンダーになろうとは、夢にも思わなかったことでしょう。

チーフブレンダーは雲の上の存在

私が、サントリーにブレンダーという仕事があることを意識したのも、その頃です。

当時は、毎日、瓶詰したもののサンプルをすべて、研究所に送っていました。

工場の出荷判定は判定としてあるけれど、届いたサンプルをチェックしたチーフブレンダーが「異常の可能性あり」と判断を下すと、その段階で、ラインはストップします。そして、チーフブレンダーが山崎蒸溜所から新幹線で工場に来るのを待つ。当時のチーフブレンダーの権威といったら、今とはまるで比べ物にならないほど大きなものだったといえます。

今は、十数年前から、ブレンダー並みの品質の評価判定のできる人間を養成し、シニアテイスターとして、ボトリングなどのすべての工場に配置する制度ができあがっています。

単に異味異臭がしないかといったレベルではなく、例えば、これは『オールド』として間違いない香味をもっていて、かつ一定の範囲内に入っているということが評価できる人材を育ててきました。

製品に異常が感じられる場合、かなり前段階で、シニアテイスターがアラームを発してくれるので、これはある意味、ブレンダーの分身ともいえます。

ともあれ、当時は、品質に関してはすべてをチーフブレンダーが判断するという時代でした。われわれ現場の人間にしてみると、まさに仰ぎ見るような存在でした。

中央研究所で過ごした九年

そんな現場仕事を体験した後、私は、一九七六年、山崎蒸溜所に程近い中央研究所に移ります。これは、どうも、当時の多摩川工場の工場長が、私の仕事ぶりを見ながら、アイツにはもっと別の仕事がある、といって推薦してくれたらしい。

当時、サントリーにはウイスキー研究所というものがあり、ここでは、原酒づくり中心の研究をしていた。それに対して、中央研究所は、サントリーの酒類、食品全般の基礎研究や品質保証を担っていました。

第一研究室がワイン、第二がリキュール、第三がビール、そして第四がスピリッツという具合で、酒類別に細分化されていたわけです。しかし、私の異動先の第五研究室は、どの酒類とも特定せず、酒類の枠を越えて、課題を与えられて研究する部門でした。

ある意味、基礎研究に近いようなテーマに取り組まされる部門。今の時代は研究の世界も成果主義にならざるを得ないところがありますが、第五研究室の雰囲気はおおらかというか、自由闊達なところがありました。後に近畿大の教授になられた吉栖《よしずみ》肇室長から開発者としての基礎を叩きこまれましたが、吉栖さんもまさか私がチーフブレンダーになるとは思ってもみなかったことでしょう。

ウイスキー以外では、例えばワインの連続発酵について、今は東海大の教授を務めておられる古賀邦正さんと一緒に研究したこともありました。三時間ごとの測定を三千時間、百数十日にわたって継続するマラソンのような研究でした。山崎蒸溜所の中では、タンクローリーが次々に到着し、絶頂期にあった『オールド』のモルト原酒を運び出してゆく。それを横目に、随分と気の長い研究をしていたものです。

ともあれ、九年間この研究所にいる間に、それまで私が抱いていたウイスキー観は、百八十度変わったといえるでしょう。

樽と熟成の魅力に開眼

いろいろなテーマを与えられましたが、中心となったのは、やはり樽と熟成の研究でした。一九七六年からの九年間というのは、サントリーのウイスキー部門の販売が頂点に達した時代。モルト原酒の量を確保するのが、大きな問題でした。当然、われわれも、基礎研究とはいえ、樽熟成をもっと早くするにはどうしたらよいか、とか、効率のいい貯蔵とは何か、といった研究課題にも取り組まされました。樽材の含水率と天使の分け前の相関関係など、新しい発見もいくつか重ねました。

振り返ってみると、この研究所時代に体験したことは、後にブレンダーとなってからも、活きていると思います。

ウイスキーブレンダーは、単に香りや味に対する感覚が鋭敏であるだけでは務まりません。樽や貯蔵工程と熟成の関係、このメカニズムを把握していることが、優れたブレンダーの必要条件といえるでしょう。

例えば、樽の種類や材がどのように品質と関わってくるのか、貯蔵環境が熟成にどのような影響を与えるのかについて承知しているかいないかで、ブレンダー室での仕事に大きな差が生じてきます。私が中央研究所で樽と熟成について基礎から学んだことは、本当にかけがえのない財産になっています。

しかし、研究すればするほど、樽の中で起こる熟成という現象の全体像を科学的に人間の手でコントロールすることなどできるものではない、という境地になってゆく。だからこそウイスキーづくりは面白い、と思えるようになったのです。

ブレンダー室との二人三脚

九年間、中央研究所で樽と熟成の研究に没頭した後、私は、一九八五年、山崎蒸溜所の現場に配属されます。最初の三年は品質管理の部門に属し、それから、残る三年間を貯蔵部門で過ごしました。

貯蔵部門では、どこにどんな樽があるのかを徹底的に把握することが求められます。ブレンダーの指示に従って、モルト原酒どうしを混ぜるヴァッティング作業も行います。そこではじめて、製品の中味が見えてくる。例えば、『オールド』というウイスキーはどのようなモルト原酒から構成されているのかを、間近に見ることになるのです。

貯蔵部門は、ブレンダー室とある意味、二人三脚で仕事を進めていく部署でもある。ブレンダーと直結して動いているわけです。今度こういうウイスキーを作るという話になると、どういう原酒をどの程度の量だけ欲しいか、本当に細かい指示が届きます。

また、モルト原酒の品質チェックも行ないます。ブレンダーはブレンダーとしての立場で行ないますが、貯蔵現場も、ブレンダーの指示で揃えたモルト原酒のそれぞれの品質に問題がないかを検査してゆきます。

樽を開けて実際に味を確かめなければならない部分もありますから、毎日テイスティングも行ないます。貯蔵中の段階、ヴァッティングした段階、それを濾過した段階などで、テイスティングによって味や香りを確かめてゆく。

むろん、多摩川工場時代は、異臭がしないか、色は確かか、というレベルの官能検査でしたが、ここでは貯蔵中の原酒から、一歩一歩手順を踏んで香りや味を見てゆく。ブレンダーになってからとはその回数や内容に大きな違いはありますが、ともあれ、この貯蔵部門時代に、私は、初めて本格的なテイスティングというものに接したことになります。

ブレンダー室と貯蔵部門の間に、時に微妙なズレが生じることもあります。ブレンダーは、とにかく品質本位で作業を指示してきます。しかし、貯蔵の現場は、効率、コスト、納期といったものを念頭に置きながら動いているものです。現場にしてみると、どうしてこちらの原酒を使ってくれないのか、というような不満が起きることもあった。

ウイスキーづくりというのは、机上の計算通りには回らない。ブレンダーの官能が主体になるとはいえ、原酒を貯蔵している現場の思いというものも、ブレンダーはくみ上げる必要があります。自分でも貯蔵の現場を踏んだ分、ブレンダー室に異動となってから、私は、その点にも留意して仕事を行なうよう努力してきたつもりです。

私が研究所を出て貯蔵の現場に携わった頃は、日本のウイスキーづくりにおいて、個性重視への変換が図られてゆく時期と重なります。

本格的なモルト原酒百パーセントのウイスキーとして、サントリーでは、一九八四年にシングルモルト『山崎』（現在の『山崎12年』）を発売していますし、一九八九年には、当時、チーフブレンダーだった稲富孝一さんがブラームス交響曲第一番第四楽章をイメージして作ったプレミアムブレンデッドウイスキーの『響』（現在の『響17年』）も満を持して登場します。

私が貯蔵の現場で扱っていたモルト原酒も、日々、それらのウイスキーづくりのために樽出しされていたと思うと感慨深いものがあります。

この年には、山崎蒸溜所の革新的な大改修が完了し、新設備での原酒づくりが始まります。直火蒸溜釜、木桶発酵槽が導入され、より多彩なモルト原酒づくりもスタートしました。ダウントレンドに入ってゆく中、会社もよく思い切ったものと思いますが、当時を回想すると、蒸溜所の現場は、より本格的で緻密なウイスキーづくりを行なうという心意気に溢れていました。そんな雰囲気の中で貯蔵の現場を体験できたことは、幸運でした。

「私でいいんですか？」

ブレンダー室へ異動を命じられたのは、一九九一年の八月でした。ブレンダー室課長の内示を受けた瞬間、思わず、「私でいいんですか？」と口走ってしまったものです。その時点で山崎蒸溜所に六年いましたので、ぼちぼち異動があるのでは、という予感はありました。しかし、自分の想像していたのは、ほかの蒸溜所や工場。ですから、ウイスキーづくりの一番の司令塔の場所に自分が行くことになるとは、全然、想像していませんでした。まさに、青天の霹靂《へきれき》。

研究所で樽と熟成の研究に携わり、山崎蒸溜所では品質管理や貯蔵工程という実地で経験を積んでいたといっても、ブレンダー室はやはり特別の存在。ボトリング工場時代は仰ぎ見て過ごし、貯蔵部門では指示を受ける側にいたわけですから、それは驚きました。

実のところをいえば、貯蔵部門にいたとき、海外でブレンダー体験をしています。モルト原酒をタイに輸出して、タイで最終的な製品に仕上げるという仕事。今はもうない『ゴールド』というブランドでした。タイといえば、メコンウイスキーが有名です。が、あれは焼酎に近いもので、一般的なウイスキーの定義に当てはまらない酒。とはいえ、タイは、日本を含めたアジアの国の中でもっとも多くスコッチを輸入している国のひとつで、完全なウイスキーの国と言えます。

サントリーの名前で販売する以上、一定以上の品質を確保することは不可欠。ブレンダーが製造の都度、タイへ飛んで、ブレンドの工程から、これなら瓶詰めしてよい、というところまで、指導をしていた時代があった。その指導に、当時、私も二度ほど出掛けています。最初はブレンダーとともに、その次は、一人で行った。これは、一種のブレンダーの仕事の準備だったのかもしれません。

製造過程に詳しい人間にブレンダーをやらせたい、という上層部の意向があったと後に聞きました。先ほども述べたように、ブレンダー室と貯蔵部門というのは、なかなか関係が難しい。もっと双方の人間関係が円滑にいくように、貯蔵の現場を経験し、そちらで苦労してきた人間を送り込もうという意図があったのかな、とも思います。

遅咲きのブレンダー

私が異動した当時のブレンダー室は、チーフブレンダーの稲富孝一さんの下に美浦廣暢さん、藤井駿二さんという私より一回り年上の大ベテランと、私よりも若い竹内義人君の三人がいて、チーフの手足となって動いていました。ほかには、原酒在庫全体を管理する人と稲富チーフの秘書的役割の女性がいました。

それで困ったのは、私はそのとき、ブレンダー室課長という肩書で配属されたこと。貯蔵部門でテイスティングをしたり、タイでブレンディングを指導したりしたとはいえ、正規のブレンダーとして仕事をした経験はゼロ。そんな男が、何十年もブレンダーを務めてきたベテランの上司の立場にいるというのは、あまり座りのいいポストではありません。

仕事内容も、いわゆるブレンダーとしての日々の仕事のほかに、管理職としてマネージメントをこなさなければならない。発酵、蒸溜、貯蔵、瓶詰、製樽など蒸溜所の各現場との調整、新商品開発におけるブレンダー室の交渉役など、さまざまな仕事が待ったなしで舞い込んでくる。

新しい原酒の開発について話し合う会議などで、いきなり酒の評価を求められる。私はブレンダーになったばかりで何も分かりません、では通らない。

ブレンダーになり、肩書はついたけれど、何としても早くブレンダーとしての酒の評価力を身につけなければならないと、正直、焦った時期もありました。

さらに、私がブレンダー室に異動したのは、四十一歳のとき。ブレンダーとしてはかなり遅いスタートでもありました。チーフブレンダーという今の立場になってよく分かりましたが、ブレンダーという職業は、他人が技術を教えて身に付く部分というのは非常に少ない。育てようとして育てられるものではないと思います。

積み重ねが命のテイスティング

とにかく、美浦、藤井の両大先輩のすることを見様見真似で覚え、彼らが日常、テイスティングやノーズィングのときに漏らす言葉を一言半句、聞き漏らさないようにし、彼らの香味の表現方法を理解できるよう努力しました。

ウイスキーの香りや味を表現するのに、読者のみなさんもフルーティ、スモーキーといった表現を耳にされたことがあると思います。しかし、これらの表現は、ごく大雑把な特徴を告げているのに過ぎません。ブレンダーが原酒をチェックするときには、香りが開いている、閉じている、ごつごつ、ざらざら、硬い、とんがっているという具合に、微妙な言い回しで感覚をお互いに伝えてゆく。

先輩ブレンダーが香りや味に感じている微妙なニュアンスを、なんとか自分も感じ取り、共通の感覚を養おうと背伸びする日々が続きました。

具体的には、やはり、テイスティングやノーズィングの数をこなすしか、ブレンダーとしての感覚を磨く方法はない。そう思った私は、平日は上述のように管理職としての仕事もありますので、休日を返上し、コツコツと原酒の知識とテイスティングの技術を磨くことに努めました。

結局、この仕事は数をこなすしか道はありません。テイスティングは、十万回よりも三十万回した方がいい。ブレンダーが五十歳、六十歳になっても現役でいられるのは、そうした経験の積み重ねがものを言ってくるからです。

前述したように今は、ウイスキーの品質について、現場で判断できるところは現場で判断してもらえるよう、シニアテイスターのような資格を設け、人材を養成していますが、当時は、ウイスキーの品質にかかわる部分はすべてブレンダーがチェックする仕組みでした。ですから、実際、今に比べると、日々チェックの必要なサンプルが遥かに多い。千本ノックではないけれど、私にとっては、ブレンダーの感覚を磨く上で、とてもよいトレーニングになったと思います。

「和食に合うウイスキー」への挑戦

やがて、一九九六年には主席ブレンダーとなり、ブレンダーの仕事にいささか自信がついてきた頃、私は、一つの新しいブランドの開発を任されます。一九九八年に発売された、『膳』という名前のウイスキーでした。

一九八三年をピークにウイスキーの消費量が下降線を辿る中、起死回生の挽回案として、「和食に合うウイスキーを出そう！」という企画が生まれました。

それまで、新ブランドを立ち上げようという場合、社内のマーケティング部門からブレンダーに対し、具体的な味のイメージを含め、中味の注文を出すことは、ほとんどなかった。幾らぐらいでお願いします、というコスト面での注文はあっても、中味については、ブレンダーがフリーハンドで決めてゆくケースが大半でした。

一昔前まで、ブランドの中味は、ブレンダー室の聖域だったともいえるでしょう。

それに対し、『膳』の開発にあたっては、商品企画の最初の段階から、マーケティング部門のスタッフとデザイナーとブレンダーと生産現場の人間が、プロジェクトのように一緒になって、プランを練り上げていきました。

その意味においても、『膳』の開発は、ウイスキーのメーカーとして画期的な試みだったし、ブレンダー室とウイスキーの販売の現場の間に〝風穴〟を開ける事件でした。

『膳』の場合、中味の注文も実にはっきりしていて、「和食によく合う淡麗旨口《うまくち》」という目標とするコンセプトがしっかり定められていました。

価格も思い切って下げ、ピュアモルトで千二百円。話を聞いた当初は、同じモルトウイスキーの『山崎12年』を七千三百五十円（税込）で売っているのに、千二百円で何ができるのか、と正直、思ったものです。

とはいえ、その企画には、食との相性を前面に押し出すことで、昭和の終わり頃からぐんぐんと消費量を拡大してきた焼酎のユーザーを、少しでもウイスキーの世界に取り戻したいという思いが込められていると知り、やる気が湧いてきました。

決め手は、杉樽と竹炭濾過

自分なりに、ウイスキーの味わいにおいて「和」を表現するにはどうすればよいのか、さんざん思案した結果、樽の一部に杉を使用した樽で熟成させたモルト原酒を初めて使うことにしました。

杉は香りの個性が強いので、少量のブレンドでも十分効果が生じます。むしろ強過ぎる個性による違和感をどう除くか、に苦労させられました。そこで生まれたのが、高知県仁淀川《によどがわ》上流域の手づくりの竹炭で濾過するという工夫だった。それで、ようやく、自分なりに納得のゆく香りと味を実現できました。

杉樽を選択した背景について、少し説明を加えておきましょう。サントリーでは、少し以前から、ウイスキーの樽の鏡板の部分に、杉材、檜材、山桜材を使用して、接触させるとどうなるか、実験を重ねてきました。その結果、鏡板に杉材を用いた樽は、杉特有の爽やかな香りを発し、後味の切れもよくなることが、分かっていたのです。この貴重な原酒を開発したのが、現在は山崎蒸溜所の工場長である藤井敬久さんでした。

樽の鏡板に、杉、檜、山桜などの材を用いるという発想は、おそらくは、日本のウイスキーメーカーでないと起こらないでしょう。製造方法が厳密に定められ、保守的なスコッチの世界では邪道と切り捨てられるかもしれません。一方、ジャパニーズウイスキーは、伝統的な規範から逸脱した部分にも積極的に挑んできた歴史を持つのです。

しかし、この杉樽モルト原酒の採用にあたっては、上層部の間から、相当な抵抗を感じました。社内では、「これはサントリーのウイスキーではない」という意見が続出。

それでも、試飲してもらったバーテンダーや焼酎好きの友人からは、「すっきりしていて飲みやすい」という評価をもらっていました。方向性は間違っていないと確信していましたが、杉樽原酒の量については、最後の最後まで悩みました。

予想外の成功を博した「和イスキー」

「和食に合う淡麗旨口」というコンセプトに忠実であろうとすると、設計側とすれば、杉樽を使うという点は譲れない。結局、杉の香りをどのぐらい立たせるかが一番のポイントとなりました。杉樽は、以前から研究を積み重ねてようやく陽の目を見るという新素材。当然、開発者や貯蔵、樽の現場は、中に入っているかどうか分からないという使い方をされると不満が残ります。一方、販売側は、杉の香りが強調され過ぎるのはどうか、という意見。私の立場は、その中間あたりにあるわけです。

上層部への説明会には、試作品を三種類作って持っていきました。結果、三つとも作り直しを命じられましたが、実は、鞄にもう一つ、自分が一番自信を持っていたサンプルを潜ませていました。杉樽原酒の量が最も少ないその試作品を出し、ようやく、ゴーサインをもらいました。今日中にブレンドしなければ新製品の発売日に間に合わない、というギリギリのタイミングでした。

難産の末、ようやく誕生した『膳』。一九九八年、いざ市場に出ると、予想を上回る販売を記録してゆきます。年間三十万ケースの目標を半年でクリアし、ほぼ半年で五百万本を売りました。冷え込んだウイスキー業界で、久しぶりのヒット商品という明るい話題を提供できたことは、嬉しい限りでした。

ＣＭも好評で、ウイスキーの香りと味の設計をしたのは確かに自分ではあっても、『膳』のヒットは、ウイスキーの生産・宣伝・販売部門の全体のチームワークで勝ち取ったものといえるでしょう。

痛恨の挫折から得た教訓

一九九九年、『膳』の成功もあって、私は、会社でただ一人のチーフブレンダーに就任します。その初仕事が、『膳』の上級版にあたる『座』の開発でした。

会社としては、『膳』でこじ開けた「和食に合うウイスキー」という流れを、太くしたいと考えたのでしょう。焼酎ブームに押され、長らく売れ行きが低迷していたウイスキー。その頃、国がウイスキーの税率を下げたことで、社内に巻き返しの機運も盛り上がっていました。私にも、このチャンスを何とかしたい、という思いは強くありました。『座』の設計において私が考えたのは、焼酎のように飲みやすく、しかし、新しい個性を持ったウイスキーです。そのため樽材の実験や貯蔵部門で得た知識を総動員して、原酒選びを行いました。『膳』に引き続き、杉樽も採用することになった。

しかし、原酒選びが上手くいかず、いつまで経っても、納得する味に仕上がらない。決められた納期まであと数日となっても、まだブレンドは定まりませんでした。新製品が締め切りに遅れれば、営業や宣伝には大打撃になります。

今にして思うと、つい、「ここまでがんばったのだから、大丈夫だろう」という気持ちで発売に踏み切ったのでした。

しかし、結果は、予想を下回る残念なものに終わりました。社内の先輩からは、「本当にうまいと思ったの?」という一言も浴びました。その先輩の言うように、どうして自分が「うまい」と確信できる味に最後までこだわらなかったのか、激しく後悔しました。

『膳』の思わぬ成功で、自分の中にどこか浮かれた気持ちがあったのかもしれません。チーフブレンダーとしていきなり浴びた試練でした。私は、それを乗り越えるには、やはり、自分に妥協しないことだと、そのとき心に誓いました。

それまで二十回ほどだった試作も、以降は、時には百回を超すようになった。自分に納得がいかなければ、上層部のゴーサインが出た後でも、ブレンドの設計を変えることも辞さないくらいの覚悟が、この仕事には必要となる。

ウイスキーづくりは地味で単調な作業の連続です。手を抜くと必ず品質に跳ね返ってきます。このときの経験は、今の私の仕事の姿勢に活かされていると思います。

ウイスキーはブレンドする酒

サントリーの山崎蒸溜所において、日本で初めてウイスキーづくりが開始されたとき、創業者の鳥井信治郎は、監督官庁の理解を得て認可を受けるため、大変な努力を強いられています。それだけではなく、酒税の問題もありました。

当時の酒税は日本酒をモデルとしてできていましたから、ウイスキーの製造にそぐわない部分が少なくなかったのです。

「造石税《ぞうこく》」といい、日本酒の場合、醸造が終わった段階で課税されます。しかし、長期貯蔵を行うウイスキーでそれを適用されたのでは、たまったものではありません。ウイスキーは、蒸溜した後に長期間、貯蔵するのであって、その間に、天使の分け前といわれる蒸発現象が起きることは、先にご紹介した通りです。

貯蔵そのものが製造工程なのであり、税金は、貯蔵が終わった後、庫出《くら》しの際にかけるべき、というのが、鳥井の主張でした。いわゆる「庫出し税」の発想です。

結局、鳥井の主張は容れられ、ウイスキーへの課税には、特別措置が設けられました。なお、第二次世界大戦下の一九四四年、酒税は、ようやく造石税から庫出し税に切り替わり、現在に到っています。

さらには、当時の大蔵省には、酒はひとつの場所で作られるものであって、複数の場所で作られた酒を混合することは許さないという考え方があった。

鳥井という人は、「ウイスキーはブレンドする酒である」という信念を頑《かたく》なに持っていた。実際、『白札』を発売するにあたり、将来を見据えて複数の蒸溜所や工場で作った酒を混合することへの許可を求めて、大蔵省主税局長宛に請願書を書いています。

鳥井は、その中で、スコッチの代表的銘柄の『ジョニーウォーカー』が四ヶ所の蒸溜所の原酒をブレンドして作られていることを引き合いに出し、自らの主張の正当性を訴えています。

この日本のウイスキーづくりの黎明《れいめい》期における鳥井の戦いの跡を振り返ると、私もまた、鳥井同様、「ウイスキーはブレンドする酒」という思いを強くいたします。

コラム③　ウイスキーを十倍美味しく飲む方法Ⅰ
——筍の煮物には『山崎』が合う

四六時中、仕事のことが頭から離れない私は、常々、「職業がブレンダー、趣味はウイスキー」と公言しています。休日にも、知り合いが、蒸溜所見学に訪ねてくることが多いので、しっかりとした休みが取れないのが実情です。

それでも、ぽっかりと空いた日は、昼から、のんびりと自宅でウイスキーをいただいて、寛いでいます。そんなときは、『角瓶』のハイボールや『オールド』の水割りを作って、自分のペースで飲んでいます。

シングルモルトでは、もちろん『山崎』も大好きですが、自分が山梨県出身のせいか、『白州』に特に愛着を覚えます。アイラ島の『ボウモア』や『ラフロイグ』にも割合に手が伸びるので、スモーキーな香味を好む傾向があるのかもしれません。

私には、どうやらブレンデッドの気安さが気分をリラックスさせてくれるようです。普段の日も晩酌は、むろんウイスキー党です。やはり、『角瓶』や『オールド』のハイボール、水割り。冬にはホットウイスキーもいただきます。地方に出張に行けば、その土地の料理屋さんや、老舗《しにせ》のバーなどになるべく顔を出すようにします。そんなときにも、すぐに、ウイスキーと料理の相性などについて考えてしまう。

水割りやハイボールを飲む際、特にこだわっていることはありません。ウイスキーに果汁を入れるのが苦手なので、レモンなどは、せいぜいピールを入れるぐらいにとどめています。

日本でウイスキーの普及が進み、国民酒のひとつとして定着したのは、戦後、一九六〇~七〇年代に入ってからのことです。日本人の味覚に合うウイスキーづくりの努力が実り、和食と一緒に飲む酒として認知されたことが大きかったようです。

バーや酒場だけではなく、家庭や飲食店で、食事と一緒に飲む酒として提供されるようになって、爆発的に消費が拡大しました。

本章でご紹介したように、私がブレンダーとして世に出した『膳』も、オールモルトのウイスキーでありながら、和食に合うというテイストを追求したものでした。『膳』は、幸いにも、当時の消費者が求めていた嗜好にマッチし、低迷するウイスキー界にあって、久しぶりのヒット商品となりました。

ウイスキーの中でも特に個性の強いシングルモルトは、食後酒のイメージがあります。しかし、ジャパニーズウイスキーは、全般に繊細でまろやかな味わいを特徴としており、本来は、食中酒としても飲んでいただけるよう、設計されています。

食中酒としてのウイスキーという観点に立てば、料理に合わせて、飲むウイスキーの銘柄や飲み方（水割りにするか、ハイボールにするか、など）を変えてゆくのもいい。それは、ウイスキーの楽しみ方のバリエーションを広げてくれることにもつながります。

料理の味付けが濃いものやデザートと一緒にというなら、ストレートやロックで飲むのが理想でしょう。脂っこい中華のような一品なら、ハイボールで口中をウォッシュアウトすればいい。燻製《くんせい》とか、魚介類と一緒なら、スモーキーな『白州』がベターでしょうし、筍の煮物であれば、やはり『山崎』が絶対に合う。

筍の煮物というのは、実に繊細な味わいをしています。香味や酸味の強いワインのような酒では、どうしても、料理の方が負けてしまうでしょう。その点、ウイスキーであれば、水割りの濃さをコントロールして、料理に合わせることができます。

思えば、現代の日本人の食卓は、まことに貪欲です。和洋中からエスニックまで、さまざまなタイプの料理を楽しんでいます。そんな日本人の多様な食のスタイルに、ウイスキーという酒は、実にさりげなく寄り添ってくれます。みなさんも、食中酒としてのウイスキーを気軽に楽しんでみてはいかがでしょう。

第四章　熟成、その不思議なるもの

ウイスキーの主戦場で勝負したい

チーフブレンダーになって以来、私は、シングルモルトの『白州18年』『白州25年』『山崎35年』『山崎50年』や、プレミアムブレンデッドウイスキー『響30年』といったサントリーの看板を背負うような数々のウイスキーのブレンドを担ってきました。

幸い、それらのブランドの多くは、国際的なコンペティションにおいて高い評価を獲得し、ジャパニーズウイスキーの存在を世界に知らしめる上で貢献できたことはブレンダー冥利に尽きることと感謝しています。

そんな中、できれば、ブレンデッドウイスキーのど真ん中、主戦場で勝負をしてみたい、という思いが、自分の内部で次第に膨《ふく》れ上がってゆきます。二〇〇九年九月に発売された『響12年』は、そんな思いから誕生したウイスキーです。

前章で、サントリーの創業者である鳥井信治郎が、「ウイスキーとはブレンドする酒である」という信念を持っていたと指摘しました。私も、ウイスキーメーカーの一員として、さまざまな製造工程やブレンダー室での仕事を体験する中、むろん、シングルモルトの世界の奥の深さにも惹かれるけれども、ブレンデッドウイスキーづくりというものに、もっとも力を割き、特別の愛着を抱いてきました。

シングルモルトとブレンデッドの違いについて考えると、まず圧倒的にブレンデッドの方が市場に流通し、飲まれてきたということがあります。スコットランドを始めとして世界中で作られ、日々、世界各国で飲まれるウイスキーのおそらく九割以上はブレンデッドウイスキーでしょう。

世界の代表的なブレンデッドウイスキーをみても、『ジョニーウォーカー』『シーバスリーガル』『バランタイン』など、いずれのブランドも、「12年」が中心の商品であることが分かります。一方、『響』は、サントリー創業九十周年の一九八九年に登場してい

『響12年』（右）と『響21年』（撮影＝岡倉禎志）

ます。この日本を代表するプレミアムブレンデッドウイスキーは、これまで、「17年」「21年」「30年」が発売されていましたが、「12年」は存在しませんでした。

　ウイスキーの世界標準というべき「ブレンデッド12年」の分野に、日本のブレンデッドウイスキーのブランドの代表選手として『響』も名乗りを挙げていこう。いうなれば、『響12年』は、そんな意気込みから誕生したのです。

「12年」が世界標準である理由

　それにしても、なぜウイスキーの世界標準が「12年」なのでしょう。その疑問に答える前に、ウイスキーの世界の年数表示はとても正直だということを知っておいていただきたいと思います。例えば、『響12年』は、モルトだけでも二十種類以上の原酒のブレンドにより構成されていますが、その一番若い原酒が「12年」ということを意味します。したがって、『響12年』には、長期熟成のモルト原酒も多数含まれています。少量ですが、〝三十年超〟の原酒も隠し味的に使われています。

そこでウイスキーの主戦場が「12年」である所以《ゆえん》ですが、それは、一世紀前ぐらいから、すでにそうなのです。長期熟成の原酒というのは、希少性プラスそれだけ歳月を経た熟成感というものを持っています。品質的にも、時間を経なければ達成できない世界を築いているものです。しかし、一人の飲み手としていえば、ウイスキーという酒は、生まれたてのニューポットが本来持っているスピリッツとしての荒々しいパワーを失ってはならないと思います。

ニューポットが本来持つ力強さと、樽で熟成させた結果、備わってゆく香りの華やかさやまろやかな味わい。その両者の微妙なバランスの間に、複雑系であるウイスキーの、酒としての奥深さがある。「12年」熟成原酒というのは、人間でいえば、壮年、働き盛りの年齢であって、その原酒をブレンデッドウイスキーのベースに置くというのは、理に適っていると言えそうです。

さらに、「ブレンデッド12年」には、上述したような事情から、「20年」「30年」の原酒も適宜、加えられます。どこの会社でも、中核を成すのは壮年期の人たちでしょう。しかし、彼らが行き詰まったとき、今は第一線から一歩退いてはいるものの、人生経験豊富な先達のアドヴァイスが活きてくるもの。ウイスキーも同じ。まだまだ枯れることを知らない「12年」原酒をベースに、二十年以上の長期熟成原酒の枯淡の味がブレンドされ、独特の世界を形作っているといえるでしょう。

バックバーに並べられる「12年」を

「ブレンデッド12年」に関しては、日本各地のバーテンダーのみなさんからも、かねがね、「ジャパニーズウイスキーを代表する十二年もののブレンデッドを作って欲しい」「バックバーに並べられるものを」という熱いご要望をいただいてきました。私は、日本のバー及びバーテンダーというのは、世界に誇る文化の一つだと思っています。英国や米国にも、日本のオーセンティック・バーのようにきちんとしたバーはなかなか存在しない。その彼らに、ジャパニーズ・ブレンデッドの良さを認めてもらいたいし、彼らが自信を持ってお客さんに勧められるような「12年」を作りたいという気持ちが強くありました。

『響12年』のレシピは、『ジョニーウォーカー』『シーバスリーガル』などの世界的な「12年」と直球勝負で肩を並べられる製品を目指すという観点からスタートさせました。したがって、奇を衒《てら》ったものではなく、熟成の美味しさが素直に前面に出ていて、かつ日本のウイスキーづくりの技術の高さを象徴する味わいにしたい、と考えました。

具体的には、口当たりの柔らかさや喉越しのスムーズさを追求するのはもちろんのこと、熟成度の高さというものをはっきりと表現したかった。高い熟成感には、フルーティさや華やかさがポイントとなります。ウイスキーをグラスに注いだとき、最初に匂い立つ香りをトップノートといいます。みなさんも、『響12年』で、それを一度お試しください。『響12年』は、トップノートで、明らかにほかのブレンデッドと別世界を作っていると自負しています。

前面には出ていませんが、ピート香の強い原酒も配し、後口の余韻も工夫をしています。スコッチの名だたるブレンデッドウイスキーよりも、ずっと幅広い香味の原酒を使用しています。

海外で受けた高い評価

『響12年』は、販売形態も通常とは異なっています。二〇〇九年五月に、欧州エリア（英国、フランス、スウェーデン）で先行発売し、その半年後の秋に国内でリリースするという異例の形を採りました。パッケージデザインも、世界標準を意識し、これまでの『響』シリーズとは異なり、越前和紙の中央部分に〝HIBIKI〟と欧文で記しています。

社内のいろいろな議論の中でそういう形に落ち着いたのですが、私自身も、ウイスキーの主戦場で勝負するのであれば、まず本場で評価を問いたいという思いがあった。

新しい製品を立ち上げるときには、開発途中でいろいろな人に意見を聞きます。今回も、世界的なウイスキー評論家のデイヴ・ブルーム氏に、事前の情報をあまり与えずに試飲してもらい、意見を乞うたのですが、概《おおむ》ね、私の狙い通りの評価をしてくれました。

そのあたりからも自信めいたものが生まれたのは事実です。

実際、海外で発売されると、想像以上の反響をいただきました。スコッチのブレンデッドにないフルーティさというものに、まず注目が集まりました。

むろん、フルーティさというのは、スコッチのブレンデッドやシングルモルトにも、当然ながら、備わっている要素です。しかし、スコッチの場合、じっくりテイスティングをしながら探っていって、りんごや西洋梨の香りがするね、という話になる。しかし、『響12年』に関していえば、そのような探る努力は不要という評価。舌で拾わなくても酒の側からどんどん香り立つ、という声を多くいただいたのです。

先ほど、バーテンダーの人たちから、「バックバーに置ける『ブレンデッド12年』を作って欲しい」という要望があったと記しましたが、一方で、彼らから、「カクテルベースになるブレンデッドを」というリクエストもいただきました。今回、『響12年』の海外での評価として、「非常にミキサブルなウイスキー」という声も上がりました。意味するところは、カクテルベースとして通用する酒ということ。その点も狙い通りでした。

グレーン原酒だって主張したい

基本的には、奇を衒わずに高い熟成感を前面に押し出した『響12年』ですが、これまでブレンダーとしていろいろと温めてきたアイデアも、そのレシピにふんだんに盛り込んでいます。例えば、甘さを中心にした豊かな味わいと余韻。これは、実は、モルト原酒だけではなく、グレーンウイスキーの原酒に由来する部分があります。

ブレンデッドウイスキーは、さまざまなモルト原酒をヴァッティングし、そこへ、グレーン原酒を混和し、作り上げられてゆきます。

モルト原酒が二条大麦の麦芽を原料とするのに対し、グレーン原酒は、トウモロコシ、小麦などを原料とします。蒸溜方法も両者では異なります。モルト原酒がポットスチルによる単式蒸溜（初溜・再溜）によりニューポットを生成するのに対し、グレーン原酒は、通常は連続式蒸溜により生成されます。

ブレンデッドウイスキーにおけるグレーンウイスキーの役割は、味わいのベースとなり、モルト原酒の個性を引き立てることにあります。モルト原酒がラウド・スピリッツと呼ばれるのに対し、グレーン原酒はサイレント・スピリッツと呼ばれます。

したがって、スコットランドのウイスキーづくりにおいては、脇役のグレーンウイスキーの原酒づくりに多様性を求めることはあまりされてこなかったようです。

しかし、日本のウイスキーづくりは、それぞれのメーカーが多様な個性の原酒を必要としてきた、という歴史的背景を持ちます。サントリーは、このグレーンウイスキー原酒づくりでも、多様性と個性を追求しており、知多半島のグレーンウイスキーの蒸溜所では、クリーン、ミディアム、ヘヴィーの三タイプの原酒を作り分けています。

それだけではありません。グレーン原酒を単に引き立て役に終わらせるのはもったいない。そんな発想から、今回、『響12年』には、モルト原酒のようにポットスチルによる単式蒸溜で生成したグレーンウイスキーの原酒を、一部に採用しています。

この原酒は、原料であるトウモロコシ本来のグレーニーさ（穀物感）を強く残しながら熟成させたもの。こういう異色のグレーン原酒を用いることは、スコッチの世界では考えられないことでしょう。『響12年』の独特の甘さや余韻の長さの裏側には、脇役の意外な働きがあったのです。

欧州を驚愕させた「梅酒樽」

ちなみに、モルトウイスキーづくりにおいて、われわれは、上述のグレーンウイスキーの場合の逆で、連続式で蒸溜したモルト原酒も製造しています。杉や檜、山桜などを鏡板に用いた樽で貯蔵するという話もしましたが、これらは、絶対に、スコットランドのウイスキーづくりの現場ではあり得ないこと。日本のウイスキーが、本場英国のコンペティションで高い評価を獲得する背景の一つには、スコッチにはないタイプの原酒のバリエーションを持っていることが挙げられるでしょう。

そういえば、欧州で先行発売されたときにも、『響12年』に、梅酒樽で熟成させた原酒が使われていることが、随分と話題になりました。これも、『響12年』の香りと味を決めるキーポイントのひとつです。

二〇〇八年九月に、『シングルモルトウイスキー 山崎蒸溜所〈梅酒樽後熟〉』をバー限定商品としてリリースした際には、すでに、それを『響12年』に使用すると決めていました。梅酒樽で熟成した原酒は、『響12年』のフルーティさを引き立てる大事な要素。

しかし、世の中に製品がないと説明の仕様がないですから。

ウイスキーの貯蔵のため日常的に使われるシェリー樽は、スペイン生まれですが、日本にだって、梅酒という伝統的なリキュールがある。ジャパニーズウイスキーの香味の特徴を際立たせる素材のひとつになるだろう、と考えたのです。

金八先生とブレンダー

『響12年』を構成する二十以上のモルト原酒の中には、熟成感を高める素材として「30年」以上の長期熟成原酒も含まれます。しかし、決して〝優等生〟ばかりではありません。単独ではバランスが崩れ、飲んで美味しいものでもないのに、少量加えると、ブレンド全体を引き立てる原酒もあります。

私にブレンドという仕事の恐ろしさを教えてくれた『座』に用いたモルト原酒のひとつに、ちょっとオイリー（157ページ参照）な癖の強いタイプがありました。あの折りは、上手に使いきれなかったのですが、今回、復讐戦ではないけれど、『響12年』に、隠し味として使っています。

金八先生ではありませんが、教師になり始めの頃は不良の生徒をもてあますばかりだったのに、教師歴を重ねるうち、むしろ、優等生よりも、出来の悪い不良の生徒の方がかわいく思えるようになる、という話を聞いたことがあります。ウイスキーづくりを神聖な教育現場と比べて恐縮ですが、ブレンドという仕事もまた、やはり経験の積み重ねが物を言う世界です。

かつて『座』のレシピづくりに際して、七転八倒の苦しみの末、オイリーな〝不良原酒〟に誤った指導（?）をしてしまった私ですが、それから九年後、『響12年』のレシピづくりにおいては、同じ〝不良原酒〟を、周囲と調和が取れ、全体を際立たせるピースとして用いることができるようになりました。年輪を重ねた教師だけにできる教育指導があるように、それはブレンダーとして私が成長した証なのかもしれません。

一年三百六十五日、メスシリンダーやピペットを握って、香りと味を嗅ぎ分ける作業をひたすら続けていくことで、私なりに、やはり見えてくる発見が日々あります。テイスティングは、まさに日々是《これ》修業の世界なのです。

難しい定番ブランドのつくり分け

ここまで、私のブレンダーとしての履歴を辿りながら、『膳』の成功と『座』の挫折、そして九年後の『響12年』へと到る道を紹介してきました。しかし、ブレンダー室の仕事は、これら新製品のレシピづくりにとどまるものではありません。

日常の作業の大半は、むしろ、既存のブランドの品質の維持とリファインメントに追われているというのが、実際のところです。

ブレンダーというのは、ウイスキーづくりの最終的なアウトプットを担う存在。それは、新製品を世に送り出すという仕事と、既存のブランドのイメージを維持させながら品質を常に向上させてゆく仕事に分かれます。当然ながら、仕事量の割合としては、後者の方が圧倒的に大きい。

サントリーでは、『山崎』『白州』の各種のシングルモルトがあり、ブレンデッドウイスキーとしては、『ホワイト』『角瓶』『オールド』『ローヤル』などがあり、プレミアム商品として『響』シリーズがある。

一方、モルト原酒は、山崎、白州の両蒸溜所、滋賀県の近江エージングセラーなどに百タイプ、約八十万樽が眠っています。その中にはブレンデッドウイスキーのブレンド用として、愛知県にあるサングレインで作られるグレーンウイスキーがあり、こちらも、様々なタイプの原酒を作り分けています。

ウイスキーの原酒は、例えば、製造計画を立ててオートメーションで全く同じものを流れ作業で作っていけばいい、というものではありません。万酒万樽ということばの通り、極論すれば、ふたつとして、同じ香りと味を持った樽の原酒は存在しないのです。

その中で、毎年、『角瓶』なら『角瓶』、『オールド』なら『オールド』のための原酒を揃えなければならない。単年度の商品であれば、自分の思い描く原酒をブレンドしてゆけばよいが、それらの定番商品となると、相当量のブレンド用の原酒を揃えなければなりません。五年先、十年先の原酒の在庫を見ながら、使う原酒を決めてゆく。逆にいえば、在庫によって、ある程度、味が左右されることになる。ウイスキーづくりは、ストックのビジネスなのです。

定番ブランドの製品間の距離感を保ち、品質の差別化を図りながら、舌の肥えた消費者に、「これは確かに『角瓶』である」とか、「なるほどこれは『オールド』の味に違いないが、昨年のものよりちょっと熟成感が増している」という具合に納得してもらうのは、至難の業《わざ》といえるでしょう。

「鰻のタレ方式」という裏技

以上の説明から、新製品を出す場合にせよ、既存のブランドの維持・リファインメントにせよ、ブレンダーは、自社の蒸溜所が貯蔵している原酒の在庫の全体像をイメージできなければ、仕事にならないことはお分かりいただけると思います。

そのためには、少なくとも、十二年以上貯蔵しているすべての樽をチェックし、その中味（原酒の品質や特徴）を把握している必要があるのです。

むろん、それらをひとりでカヴァーするのは、到底、無理な話です。したがって、ブレンダー室の人間で分担し、また貯蔵部門の人間の協力も得て、それぞれの中味を仕上げてゆくことになります。

老舗の鰻屋さんでは、タレを、壺の底に必ず少量残しておいて、日々足しながら、一定の味を保つといいます。ウイスキーにおいても同様で、ブレンドした原酒を入れたタンクの底に、二分の一ほど前年の分を残し、味が大きく変わらないようにするという裏技（？）を時には使います。

とはいえ、毎年、使おうと思う原酒の樽ごとの中味は、やはり、微妙に違いがでてきます。定番商品とはいえ、毎年、レシピは変化します。

ですから、二〇〇八年の『ローヤル』と二〇〇九年の『ローヤル』に微妙に味の違いがあるのは、ウイスキーの宿命と申せましょう。むろん、品質レベルで前年のものを凌駕したい。

ブレンダーとしては、ロビンソン・クルーソーが無人島から何十年かぶりに戻ってきて、かつて贔屓《ひいき》にしていたブランドのウイスキーを飲むとして、その彼に、「以前より美味しくなった」と言わしめたいわけです。

しかし、見る角度を変え、飲む側からいえば、ウイスキーの面白い部分かもしれません。自分が日頃親しんでいるブランドの昨年と今年の違いを感じ取れるようになったら、飲み手としては相当な器量の持ち主といえるのではないでしょうか。

『オールド』イメチェンの舞台裏

既存のブランドにしても、時にレシピを大幅に入れ替え、モデルチェンジを図ることがあります。例えば、私がチーフブレンダーになって以降の二〇〇六年に、『オールド』は、かなり思い切ってレシピを変更しています。

『オールド』は、私がブレンダーになった頃、「リッチ&メロー」というコンセプトで作られ、その後、「マイルド&スムース」というコンセプトにシフトしました。いずれにせよ、和食に合う高級な食中酒としてのブレンドという基本軸にそう変わりはない。

しかし、一九八〇年代半ばから、それまで日本のウイスキー業界のロングセラーとして王者の地位に君臨してきた『オールド』の売り上げが、下降線を辿るようになってゆく。それに歯止めをかけるという意味と、もう一度、『オールド』を支えてきてくれた団塊世代に飲んでもらいたいという願いを込め、その世代のウイスキーの嗜好調査を行ったのです。

その結果、この世代が、しっかり系の味わいを求めていることが分かりました。中でも、シェリー樽原酒への嗜好が、他の世代より高かったので、リニューアルした『オールド』は、そこへフォーカスした中味に仕上げています。

ブレンダーの立場としては、このようなひとつのブランドのモデルチェンジは、かなり難度の高い作業となります。通常、モルト原酒の多くは、どのブランドに使われるのか、すでに行き先が決まっています。が、ひとつのブランドをモデルチェンジするとなると、ほかのブランドで使われる予定のモルト原酒をそちらに回さなければならない状況も生じてくる。そうなると、ひとつのブランドの問題にとどまらず、貯蔵原酒全体の使用予定を組み直すことが必要となってきます。

ブレンダーの仕事は、畢竟《ひっきょう》、貯蔵樽に眠る原酒をピースとするパズルをとくようなものと言えましょう。

将来を見据えた原酒づくり

定番ブランドというものは、一年一年、それに使うモルト原酒やグレーン原酒を揃えなければなりません。しかも、単年度商品とは違い、五年先、十年先、二十年先にも、世に流通していることが前提となって作られています。

ブレンダーは、そうした将来にも目を向けながら、仕事を進めてゆきます。例えば、『角瓶』なら『角瓶』、『オールド』なら『オールド』で、十年先に必要となるはずのタイプのモルト原酒を想定しながら、どんなキャラクターの原酒を作って欲しいか、現場にリクエストします。ニューポットを作る現場に注文を出したり、貯蔵の現場で貯蔵する樽のタイプを選定する作業に加わっていったりするのです。

そういうベースとなる定番のような原酒は別にして、将来、どのような用途に使われるか分からないけれど、ブレンダーとして備えて欲しいタイプの原酒づくりを現場にお願いすることもあります。前者の原酒が八～九割とすれば、後者は一～二割くらいでしょうか。

何度も繰り返しますが、複数の蒸溜所で原酒のやり取りを行えるスコッチと違い、自前で原酒を調達しなければならない日本のウイスキーメーカーは、自前の貯蔵原酒がバリエーションに富んでいるかどうかが、美味しいウイスキーづくりの死命を制するのです。

貯蔵庫の樽への気配り

蒸溜所内や専用の貯蔵庫に眠る原酒の在庫の把握が、ブレンダーという仕事をしていく上で大きなウエイトを占めることは、ご理解いただけたことと思います。

貯蔵庫でいうなら、貯蔵されている樽に対し、常に気を配り、その状態をベストに保つよう工夫をすることも、むろん、貯蔵の現場と協力を図りながらではありますが、ブレンダーとして、まことに重要な責務といえるでしょう。

ウイスキーの原酒は、貯蔵庫の樽の中で眠ることで、外気を呼吸しながら、樽のさまざまな成分が溶け込むとともに、化学反応を起こしてゆきます。樽は原酒の容器であるとともに、化学反応を起こす反応器でもあるのです。

ウイスキーがそのような飲み物である以上、その香味のデザイナーであるブレンダーが、樽に無関心でいていいはずがありません。幸い、私は、研究所生活の九年間のかなりの部分を、樽自体や樽熟成のあり方に費やしました。また、ブレンダー室に異動する以前に、三年間、山崎蒸溜所のモルト原酒の貯蔵部門にあって、貯蔵庫における樽熟成の実際とはどのようなものなのかを具体的に観察してきました。

その経験は、ブレンダー室に移り、今、チーフブレンダーという立場でサントリー・ウイスキー全体の香味の構成を指揮する上で、かけがえのない宝となっています。

ウイスキーの原酒の貯蔵庫というものは、原則として、温度や湿度の調整はいたしません。

自然に一切を任せるというのが、ウイスキーという酒を作る上で、大きな要素となっています。

樽熟成というのは、本当にデリケートな世界です。貯蔵庫内でも、東西南北、上下の差によって、熟成の進み方や化学反応の起こり方に違いが生じてきます。

ですから、ブレンダーは、将来のブランドのピースを構成する貯蔵庫内の樽ひとつひとつがどのような状態にあるか、常に視野に入れていなければなりません。

原酒と対話する喜び

具体的には、数年単位で実際にサンプルを摂取し、テイスティングを行ってゆく。その結果、自分の想定内の状態であればそのまま貯蔵を続けますが、熟成のスピードが遅いと感じられれば、ほかの樽と位置を変えるというような措置を取る場合もある。

検査の結果次第では、原酒を詰める樽自体を替えるというケースも生じます。また、原酒の熟成の問題点を、樽自体に求める場合もあるでしょう。

貯蔵庫の樽に接する際には、小児科や内科のお医者さんになったような気持ちで接することが重要です。サンプルをテイスティングしながら、「あなたは大丈夫、健康体だ」とか、「お前、ちょっと体調を崩しているな」と原酒と対話するぐらいの心境に到ったならば、ブレンダーとしてかなりの段階に達したといえるでしょう。

私は、実のところ、蒸溜所の中では、貯蔵庫にいるときに一番幸福感を覚えます。いろいろ難問を抱えている場合も、貯蔵庫に一歩入ると、自分がとてもリラックスして、気分が解放されるのを感じます。樽の木の香りの鎮静効果もあるのでしょうが、気持ちがやすらぎます。貯蔵庫は考え事にすごく適した場所であると思います。


「歳歳年年酒不同」

樽熟成の話をもう少し続けましょう。そんな具合に長年、貯蔵庫の中の樽と付き合ってきて分かってきたことは、樽の中の原酒のキャラクターは、歳月とともに変化してゆくということです。「年年歳歳花相似《あいにたり》、歳歳年年人不同《おなじからず》」（人の世の変わりやすいのに比べ、花は毎年変わることなく咲く）という漢詩の一節がありますが、歳月というものは、樽の中味の性格や品質を変えてゆく。その漢詩に準《なぞら》えるならば、「歳歳年年酒不同」ということになるでしょうか。

当然のこと、ニューポットのキャラクター（ライト、ミディアム、ヘヴィーなタイプ、スモーキーさの強度など）や、貯蔵する樽（樽材、大きさや形状、貯蔵の使用回数など）により、予測できる部分はある。その予測の下に、さまざまなウイスキーのブランドに用いる原酒を用意するのですから、ある程度まで予測通りに、樽熟成が行われなければなりません。

熟成途中のサンプルチェックなどで、熟成のあり方が予測と異なっていれば、樽の位置の移動、樽の詰め替えなどの修正作業を行うことになる。

ところが、そうした部分修正とは違う〝予想外〟の位相で、樽熟成の原酒が性格を変えてゆくときもあります。五年目ではどこか頼りない原酒だったのが、十年、二十年と歳月を経るとともに、とても素晴らしい原酒に変貌を遂げてゆく。

大器晩成型というのでしょうか。先に紹介したミズナラ樽の原酒の奇跡など、その代表例といえましょう。熟成当初は木香が強すぎたのが、二、三十年を過ぎたあたりから、次第に円熟し、枯淡の味わいでわれわれを魅了する存在に変貌したのですから。

その逆に、早熟タイプの原酒も存在いたします。十年くらいの熟成が限界で、それ以上、熟成を続けても、個性を活かせない。サンプル採取しながら原酒の潜在的な実力を判断してゆくのも、ブレンダーの仕事。そこで判断を誤れば、あたら蒸溜所の大切な財産を無駄にすることになりますから、その責任はまことに重大なのです。

ブレンディングの手順

ブレンダーとは、つくづく、きりというものがない職業だと思います。例えば、新しいブレンデッドウイスキーを立ち上げるとしましょう。その構成部分は、大きく分けて、三つの要素から成り立ちます。

味わいのベースとなり、モルトの個性を引き出すグレーンウイスキー。香味の中核となるモルト原酒。そして最後に、個性・特徴を引き出すキーモルト。この三種類に大別し、それぞれ、新しいブランドのコンセプトに対応する原酒を選別してゆくことになります。

通常、グレーンウイスキーには、熟成感がありマイルドで味のよい原酒がいい。中核となるモルト原酒は、穀物様の香りがあり、イースティ（酵母臭がある）で、ボリューム感のある香味のしっかりとしたタイプなどが該当します。そして、その二つの要素が固まればしめたものです。続いて個性や特徴を引き出すキーモルトを探します。それは、例えば、甘い感じのエステリーな香りやバニラの香りを持ち、馥郁《ふくいく》とした熟成香に優れた長期熟成タイプのものであるかもしれません。

終着駅こそが出発点

こう記すと簡単な作業に思われるかもしれませんが、実際には、無数の組み合わせをジグソーパズルのようにして試行錯誤を繰り返し、決めてゆきます。レシピができると何度もテストブレンドし、自分のイメージした中味の品質に近づけるように微調整します。

足りない要素は何か、もっと熟成感のある原酒に替えるとか、そういうことがどんどん起こってきます。しかし、それでも納得がゆかない。そこで、全く異質なものを加えてみようという話になったりもする。面白いことに、自分の作ろうとしているブランドのイメージから遠く離れたものを意図的に加えることで、中味の完成度が高まるというような現象も起きてくるのです。

そんな作業の中で、定められた納期というものがありますから、どこかで思い切らなければならない。しかし、私の場合、多分、性分もあるのでしょうが、どんなにテストブレンドを繰り返しても、自分が百パーセント納得する完成型というものは、なかなか見えてくるものではない。

自分で完全に納得はしていないが、しかし、使うことのできる原酒のバリエーションとその組み合わせ、比率の調整といった作業の中で、どうやらやり尽くしたと思える瞬間があります。将棋でいうところの「詰んだ」という感覚に近いかもしれません。一応、そこで、ブレンダーとして製品化にゴーサインを送ることになる。

しかし、自分では百パーセント納得はしていませんから、必ず、次の年などに、再度、レシピを見直す作業をする。納得していない部分というのは、逆に言うと、リファインする余地のある部分ということになりますから。数年後に、足りないと思っていた部分にぴったりと嵌《はま》るピースとしての原酒が見つかる場合もある。経験をさらに重ねることで、それまで思いつかなかった方法を発見することもあるでしょう。嬉しいことに、ウイスキーの場合、製品を世に送り出したらそれでおしまいというのではなく、毎年、リファインする機会を与えられているのです。

私は、よくウイスキーの商品開発に携わっている若い人たちに、「新製品の開発というのは、発売された時点が終着点ではない」と話します。「終着駅こそが、出発点。新たなリファインメントのスタートですよ」と。

それにしても、私のブレンダー人生において、もうこれで思い残すことはない、といえるようなパーフェクトな製品を、今後、世に送ることができるのでしょうか。シューベルトというロマン派の作曲家の有名な交響曲に『未完成』という作品があります。思えば、私のブレンダー人生は、一生、「未完成」で終わるのかも知れません。でも、それでいいのでしょう。私が到らず、不満を残した部分を、後に続くブレンダーが埋めてくれればいいのですから。

コラム④　ウイスキーを十倍美味しく飲む方法Ⅱ
――バーで愉しむウイスキー

本章で、『響12年』を開発するにあたって、さまざまなバーのバーテンダーの方々からの要望を取り入れたことを述べました。ウイスキーを愉しむ絶好のシチュエーションを考えたとき、バーでじっくりウイスキーと向かい合う――。そのような時間を外して考えることはできません。

特に、独りでじっくりと飲みたい気分のとき、頭の中を整理したいとき、動機はいろいろでしょうが、そんなときは、やはり静かなバーでウイスキーを――ということになりましょう。

会社の仲間とわいわい、がやがやと盛り上がるには、ほかにもっと適したお酒があるでしょう。ウイスキーにしても、ハイボールなどは、そういうシチュエーション向きかもしれません。一方、ストレートやオン・ザ・ロックが似合うのは、少数の友人とじっくり飲む場合や独りで飲むときでしょう。独りでグラスを傾けていると、不思議に、走馬灯のように、いろいろな想念が脳裡を駆け巡ります。

確かに、ウイスキーというものは、頭を明晰にしてくれるような効用がある。ウイスキーを飲んでいると、自分が賢くなってゆくような、錯覚かもしれませんが、物事を考えさせる働きを持っているようです。

またウイスキーを飲む場所として、自分の行きつけのバーをひとつふたつ持っているかいないかで、人生の楽しみが変わってくると思います。

日本の今日のウイスキーの発展は、全国津々浦々で店を構えるバーの存在なくしてあり得なかったでしょう。世界中のどの国に行っても、日本のバーほど落ち着ける酒場はありません。気の置けないバーテンダーというものは、酒好きにとって、無形文化財のような存在といっても過言ではないでしょう。

バーがいいのは、そこで、ウイスキーの知識が広がるという点が挙げられます。優れたバーテンダーの知識と意見は、われわれのようなプロでも、常に一目置き、参考にさせていただいています。これぞ、という新しい商品を開発する場合やリニューアルを図る場合には、気心の知れたバーテンダーさんに、試飲してもらうこともあります。

ですから、読者のみなさんも、ウイスキーがお好きなのであれば、バーに通うことは絶対に無駄になりません。ウイスキー学習に、これほど効果のあるフィールドワークはないと思います。

バーの効用はそれだけにとどまりません。そこにいると、バーテンダーさんをはじめ、いろいろな人との出会いが生まれます。それが素晴らしいのですね。普段、会社では会えないような異質な世界の人と顔見知りになり、語り合える。

バーのカウンターでは、氏素姓も肩書きも学歴も通用しません。ひとりひとりが、対等のプレーヤーとして向き合うことになる。そんな場に似合うのは、断然ウイスキーだと信じています。

第五章　ブレンドという魔術

趣味はウイスキー

ブレンダーというのは、業界内部ではともかく、一般社会から見れば、まったくの裏側の人間。しかし、テレビの威力というものは凄い。五年前（二〇〇六年）、NHKの番組『プロフェッショナル　仕事の流儀』に〝ウイスキーブレンダー〟として出演して以来、バーのカウンターで独りで飲んでいると、ときどき、「輿水さんですよね」と声をかけられるようになりました。そんな折り、よく、「趣味は何ですか？」と聞かれます。

中高とバレーボール部に所属していましたし、スポーツは割合、得意な方です。いとこに元プロ野球選手がいるように、血統的にそうなのかもしれません。ゴルフも、人なみに嗜《たしな》みます。カラオケも嫌いではありません。十代の頃は天文学者に憧れましたから、今でも、そちらの方面へ関心を抱いてもいます。

しかし、改まって、「私の趣味は××です」といえるほどのものはない。強いていえば、「ウイスキー」と答えるしかありません。寝ても覚めてもというのは大げさですが、会社でテイスティング作業をしているときはもちろん、家庭にいても、バーにあっても、四六時中、脳裏に浮かぶのは、やはり、ウイスキーに関わることばかりです。

なにしろ四十歳を越えてからブレンダーとなった遅咲き人間。ブレンダー室に異動となってからは、諸先輩とのタイムラグを埋めるため、とにかく、コツコツとテイスティングを繰り返す日々が続きました。しかし、幸い、地道な作業を継続して行うことは、性格的に向いていたのでしょう。今でも、モルト原酒のサンプルと向き合うことは、全く苦になりません。

それまで自分が、ウイスキーのメーカーにいてほかの部署を体験してきたことも結果的には好都合でした。多摩川工場の中味部門、中央研究所での研究生活、山崎蒸溜所における品質管理や貯蔵部門……。それらの部門で得た知見のすべてが、今、ブレンダーとして原酒に対する瞬間の感覚の中に、活かされているのだろうと思います。

午前七時四分の男

私の起床時間は、早朝六時ごろ。もっとも、五時過ぎには目は覚めていますが。NHKの番組内でも取り上げられましたが、ほぼ毎日、午前六時五十五分に家を出ます。自宅は蒸溜所のすぐ近くです。七時四分には、会社に到着。鍵を開けてくれる女性と一緒に、建物に入ります。毎日、一番乗りの出勤ということになります。

ブレンダー室にまだ誰もいないうちに仕事を開始するのが、私の仕事の流儀です。自分で淹《い》れたお茶を飲み、八時過ぎになると、作業専用の部屋へと向かいます。

通常であれば、午前八時～十時の間が、テイスティングの準備段階。そして十時～十二時の間に、平均すると二百くらいの原酒サンプルのテイスティングを行います。

二百ものサンプルともなると、セッティングだけでも大変です。テイスティングは、原酒をそのままの状態で見るのではなく、一対一の水割りになるよう加水をして、アルコール度数を二十パーセント程度に落とします。

一対一の水割りとするのは、ストレートに比べ、アルコールの刺激が柔らかくなり、ウイスキーの香りだちがよくなるため。これ以上薄くすると、逆に希釈効果で香味が弱まり、利き分けが難しくなります。

現在、山崎蒸溜所のブレンダー室に属するブレンダーは、私を含め六人。準備ができると、おのおの、自分の抱える領域のテイスティングを開始します。内容は、千差万別です。新製品の準備をする日もあれば、既存製品の準備に充てる日もある。ちょっと面白い原酒があるから見てみよう、というようなケースだってある。

今日は、白州蒸溜所のひとつの棚に並んでいる樽を順次、点検していきましょう、というような形で、チェックを行っていきます。

新製品や既存製品のレシピづくりにおいては、テストブレンドをブレンダー室の全員が見ながら、どうしていこう、という議論を進めることもあります。

二時間で二百もの原酒のテイスティングをして、酔っ払わないのですか、とよく聞かれます。むろん、テイスティングの都度、原酒を口に含んでは吐き出すという作業を繰り返しますから、アルコールは間違いなく吸収しています。したがって、一日の中では、お昼過ぎくらいが一番だるく感じます。

常に、自分の状態を一定に保つ

午前中は、おおむねそんな風に過ぎてゆく。十二時になると蒸溜所の食堂に行き、NHKの番組や雑誌の記事ですっかり有名になってしまいましたが、毎日、天ぷらうどんを食べています。コーヒー、煙草は、一切、口にしません。ブレンダーになる以前からです。

昼食を天ぷらうどんに決めているのは、特に理由はありません。昼食にあまり重いものを食べると、午後からのテイスティングに影響を与えるという意識があると思います。食事が変われば、鼻や舌の感覚に影響する可能性もある。それで、毎日、同じメニューにしています。一定のリズムを保つ儀式のようなものともいえます。

ちなみに、朝食は、二十年以上、トースト、牛乳、ヨーグルト、果物と決めています。また風邪は、ブレンダーにとって、最大の敵。日に数回の嗽《うがい》は欠かせません。常に自分の状態を一定に保つこと。それができなければ、ブレンダーの仕事は務まりません。体調管理といえば、私の先輩ブレンダーの藤井さんは、自宅で冷暖房を一切、使われなかった。夏は蒸し暑く、冬は底冷えのする山崎においては大変なことだったと思います。

それから、仕事中、音楽を流しているブレンダーは多いですね。私も、自分をリラックスさせるため、クラシックやイージーリスニングをかけています。

午後にも、引き続きテイスティングを行う日もありますが、その場合、数をこなすようなものではなく、テストブレンドの評価であるとか、新しいブレンドのアイデアを試すというようなものが多い。野球の練習でいえば、午前は素ぶり、午後はフリー打撃、といったところでしょうか。

そして仕事を終えて、帰宅するのは午後六時。家で飲むのは、『角瓶』のハイボールが多い。若い頃は、随分、むちゃな飲み方もしましたが、最近は、晩酌を嗜む程度です。次の日のテイスティングに影響を与えないように、私の場合、夜九時以降はあまり飲まないよう、心がけています。

私のテイスティング流儀

ブレンダーのもっとも基本的な作業であるテイスティングとはどのようなものなのか。私が日頃行っている方法にしたがって、ご説明することにしましょう。

テイスティングとは、利き酒の意味。ウイスキーブレンダーの場合、サンプル原酒の色、香り、味を吟味してゆく作業となります。

テイスティングに際しては、できればチューリップ型のテイスティンググラスを用意し、グラスに臭いが付着していないことを確かめます。次にグラスに、ウイスキー原酒を注ぎ、色を確かめます。原酒の熟成度や熟成中の異常の有無などは、この色の目視により、ある程度判断します。

続いて、嗅覚で香りを分析します。これをノーズィングといいます。香りには口に含んだときに感じるフレーバーと、そのままの状態で感じるアロマとがあります。ここではアロマを中心にみることになります。さらに、水で一対一に割り、アルコール度数を約二十度にまで落とした原酒を口に含み、舌や口蓋で味覚を分析します。こちらの動作をテイスティングと呼んでいます。

ノーズィングにおいては、トップノートの嗅ぎ分けが重要です。グラスに注いだとき最初に立ちあがってくる香りですね。また少し時間をおいてから感じる香り、底の方に感じる香りも注意深くチェックします。テイスティング時は、舌で味わった後、唇を閉じ、鼻孔から息を吐きだしてフレーバーを利き分けます。テイスティングの後、口に残る香味、余韻はアフターテイストと呼びますが、満足感につながる大事なポイントです。

優れたウイスキーほど、快い香りと味わいがよく残り、余韻を楽しむことができるものです。強烈なモルト原酒の場合、翌日になっても、余韻が残っていることもあります。

口に含んで見えてくるもの

以上が、私のテイスティングの流儀です。みなさんがウイスキーの試飲会でなさっていることと特別に変わったことを行っているわけではありません。もっとも、スコットランドのブレンダーの場合、テイスティングより、ノーズィングを重視する傾向があるようです。一方、われわれはテイスティングというものを非常に大事に考えます。

先日も、あるスコッチの有名メーカーのマスターブレンダーから、彼らのブレンディングの仕事はほとんどノーズィングで行われていると聞きました。ノーズィングにより、香りだけではなく、味の予測をするというのですね。千の機会があれば、口に含むテイスティングは一桁くらいの世界といいます。

われわれは、日常の熟成中の原酒を見る場合でも、ノーズィングしたものは、必ず最後に口に含みます。このスタイルの差は結構大きいかもしれません。

むろん、私も、テイスティングにおいて、香りの分析の要素が高いことは否定しません。とはいえ、長期熟成の原酒を用いれば、華やかさとか熟成感のある香りは、ある程度、表現できます。結局、その香りの原酒がどのような味わいをもたらすか、そしてどう余韻につながってゆくのかを見るには、私は、口に含まないと分析できない。

さらにいえば、口に含むだけではなく、食道を通過して飲み込んで初めて見えてくる世界というものもある。ですから、さすがに、ブレンダー室ではあまり試みませんが、テストブレンドしたものなど、家や気心の知れたバーに持ち込み、しっかり飲んでみるということもいたします。

トップノートの香りに酔いしれ、口に含んでからの充実感、濃さ、口の中での味わい、香味の盛り上がりがあって、それが余韻できれいに消えてゆく。そのトータルの過程が、ウイスキーという飲み物の良さなのです。

フレーバー・ホイールという目安

人間の五感のうち、味覚と嗅覚は、視覚、聴覚、触覚に比べて、客観的に表現することが難しいとされています。ウイスキーの生成プロセスは、主原料の麦芽を仕込み、発酵、蒸溜、長期の樽貯蔵の諸段階を経て行われます。その間、さまざまな香味成分が作られる上、多くのモルト原酒やグレーン原酒を配合してできるブレンデッドウイスキーの風味は、一層複雑なものとならざるを得ません。

これらの香味を客観的な言葉で表すことは、至難の業といえるでしょう。

ブレンダーは、その厄介な飲み物のノーズィングやテイスティング作業において、自らの嗅覚、味覚で感じたことを、どのように言葉で表現し、お互いに伝えあうのでしょう。

図2 フレーバー・ホイール（ウイスキー品質評価用語）

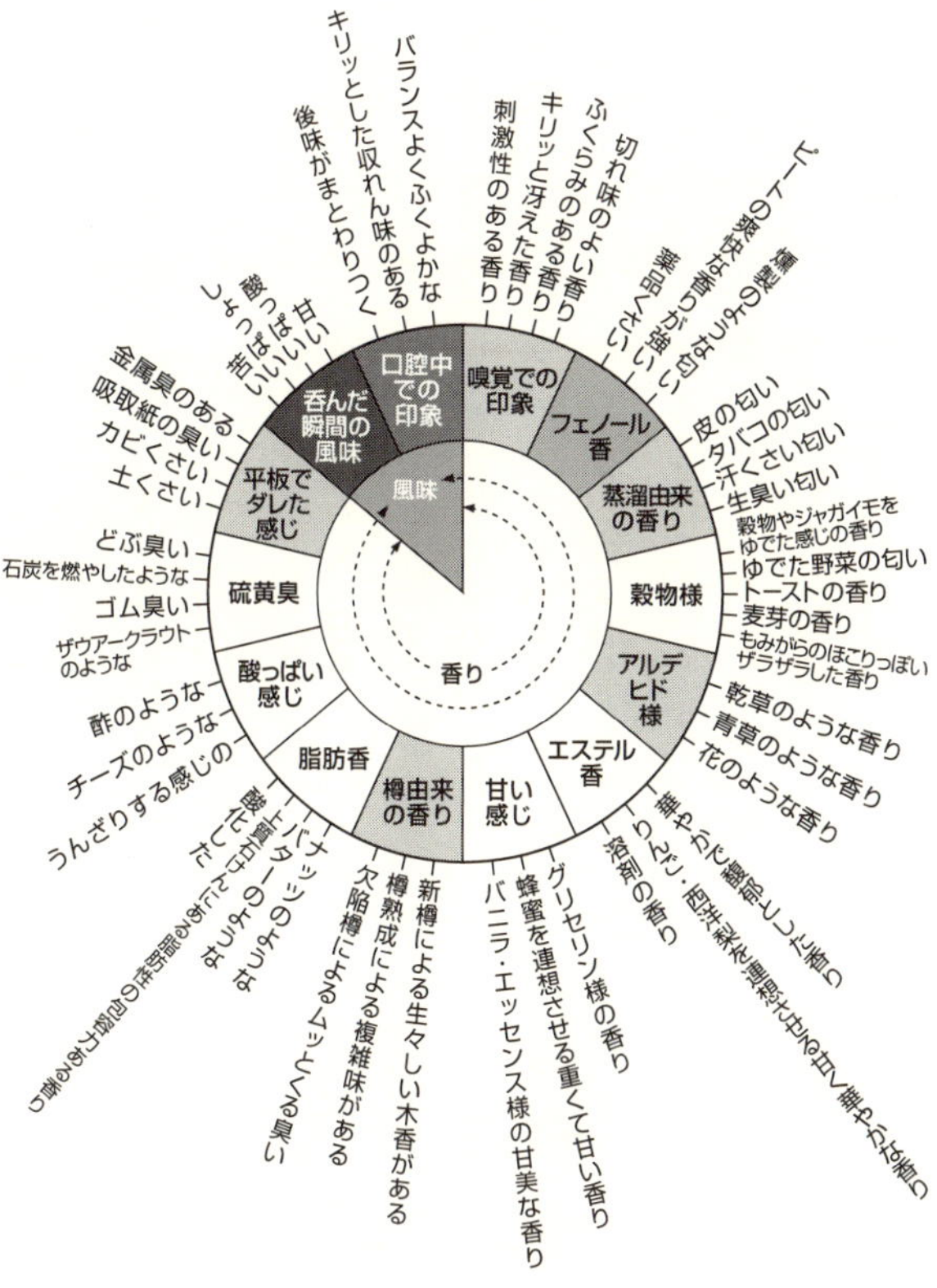
風味
香り
口腔中での印象
嗅覚での印象
フェノール香
蒸溜由来の香り
穀物様
アルデヒド様
エステル香
甘い感じ
樽由来の香り
脂肪香
酸っぱい感じ
硫黄臭
平板でダレた感じ
呑んだ瞬間の風味
バランスよくふくよかな
キリッとした収れん味のある
後味がまとわりつく
刺激性のある香り
キリッと冴えた香り
ふくらみのある香り
切れ味のよい香り
薬品くさい
ピートの爽快な香りが強い
燻製のような匂い
皮の匂い
タバコの匂い
汗くさい匂い
生臭い匂い
穀物やジャガイモをゆでた感じの香り
ゆでた野菜の匂い
トーストの香り
麦芽の香り
もみがらのほこりっぽいザラザラした香り
乾草のような香り
青草のような香り
花のような香り
華やかな熟成した香り
りんご・西洋梨を連想させる甘く華やかな香り
溶剤の香り
グリセリン様の香り
蜂蜜を連想させる重くて甘い香り
バニラ・エッセンス様の甘美な香り
新樽による生々しい木香がある
樽熟成による複雑味がある
欠陥樽によるムッとくる臭い
ナッツのような
バターのような
上質石けんにある脂肪酸の匂いがある香り
酸化した
うんざりする感じの
チーズのような
酢のような
ザウアークラウトのような
ゴム臭い
石炭を燃やしたような
どぶ臭い
土くさい
カビくさい
吸取紙の臭い
金属臭のある
苦い
酸っぱい
甘い

日頃、ウイスキーの品質を評価するための目安はあるのでしょうか。プロのブレンダーのテイスティング現場では、一般に、「フレーバー・ホイール」と呼ばれる円グラフ状の評価用語がよく用いられます（前ページ図2参照）。

サントリーで用いているホイールは、ウイスキーを口に含んだときに感じるすべての香りと味（フレーバー）を、味覚で感じる部分と嗅覚で感じる部分とに分けて表示しています。

香りは、「嗅覚での印象」「フェノール香」「蒸溜由来の香り」「穀物様」「アルデヒド様」「エステル香」「甘い感じ」「樽由来の香り」「脂肪香」「酸っぱい感じ」「硫黄臭」「平板でダレた感じ」という十二グループに分類されます。一方、舌で感じる味覚は、「呑んだ瞬間の風味」と「口腔中での印象」とに分かれます。

この円グラフの十四グループは、それぞれのグループごとに、さまざまな香りや風味の項目を従えています。例えば、「フェノール香」は「薬品くさい」「ピートの爽快な香りが強い」「燻製《くんせい》のような匂い」の三項目を持ち、「エステル香」には「華やかで馥郁《ふくいく》とした香り」「りんご・西洋梨を連想させる甘く華やかな香り」「溶剤の香り」の三項目が属します。

第一層の十四項目では、人間の味覚と嗅覚の基本部分を表し、それらに属する第二層の項目では、「りんご」「乾草」「チーズ」「ナッツ」「タバコ」「皮」といった具合に、できるだけ、具体的なイメージを喚起する言葉で表現されています。

フレーバーには、ポジティヴな評価項目だけではなく、「うんざりする感じの」「どぶ臭い」「欠陥樽によるムッとくる臭い」「後味がまとわりつく」などのネガティヴな項目も含まれているところにも、ご注目ください。テイスティングとは、その原酒の持つ長所と同時に短所をも利き分けてゆく作業なのです。

スコットランドでも日本でも、それぞれのメーカーが、独自に改良を施したフレーバー・ホイールを作っており、ブレンダーたちの現場で使われています。

即興的表現が飛び交うブレンダー室

フレーバー・ホイールを眺めていると、円グラフに「エステル香」「アルデヒド様」などと、とても化学的な専門用語と、「ダレた感じ」「甘い」「酸っぱい」という主観的な用語が共存していることに気がつきます。

人間が感覚で捉えている世界に共通言語を持ち込もうとすると、勢い、科学と文学を一緒にしたような、奇妙な物差しに頼らざるを得ないのが、フレーバーの世界の不思議なところです。それにしても、「脂肪香」の第二層に挙げられた「上質石けんにある脂肪性の包容力ある香り」とは、難解な現代詩やシュルレアリスム文学にでも、登場してきそうな言葉です。

ブレンダー室でも、テイスティング中に、「フェノール香」や「エステル香」といった用語以外に、即興的な表現が飛び出してくることがあります。「こりゃ、せんべいだ」とか、「かつおぶしだね」といった具合で、案外、そうした直観的な言葉の方が、相手に感覚を伝えやすい場合もあります。みなさんも、ご自分でテイスティングをなさるときは、遠慮せず、ご自分の言葉で自由に表現されればいいと思います。

ここでは、化学の世界である程度、代弁の利く、代表的な香味表現について、解説しておくことにします。ウイスキーはむろん、予備知識なく飲んでも美味しいお酒ですが、背景にある知識が邪魔になることはありません。みなさんが、贔屓のブランドを傾けながら、この酒はピート香が強いだとか、エステル香に富んでいるなどと感じられるようになれば、みなさんのウイスキー・ライフはさらに楽しいものになることでしょう。

香味の代表選手たち

【フェノール香】

フェノールやヨードチンキ、石炭殻のいがらっぽい香りを指します。一般に、麦芽をピートで焚くときに付着すると考えられており、スコッチの中でも、アイラ島のスモーキーなタイプのシングルモルトに多くみられます。また、フェノール香の強弱はフェノール値により数値化されます。

【エステル香（エステリー）】

すっきりした香りや果実や花を連想させるような華やかな熟成香を指す。樽貯蔵中にもっとも増加する成分に酢酸エチルがあります。アルコールと酸が結合してできる化合物をエステルと呼びますが、りんごやバナナなどを思わせる酢酸イソアミル、カプロン酸エチルなどに代表されます。

【アルデヒド様】

原酒の主成分であるエタノールが樽熟成により酸化し、アセトアルデヒドや酢酸を作ります。アセトアルデヒドは、アルコールを体内に摂取したときに分解されても生成される成分。二日酔いの原因となりますが、アセトアルデヒドは樽熟成において、エタノールとさらに反応して、アセタールという香気成分に変化します。ホイールの第二層において、乾草、青草、花の香りとして表現されています。

【樽由来の香り（ウッディ）】

樽由来と思われる木材様の香り一般を指します。焦がしていない樽材の生々しい木香、それとは逆に焦がした樽材のザラザラした木香、古樽貯蔵した原酒によくある穏やかで熟成した木香などが、これに含まれます。

【硫黄臭（サルファリー）】

ウイスキーにおいて、硫黄化合物は不快な臭いのもと。硫化水素を主体とした温泉のような臭い、ゴムを連想させる香り、酵母由来のイースティ、昆布の生臭さに似た海草様などの項目が属します。ブレンディングにおいては、これらの香りを目立たせないよう、工夫を加えることになります。

【脂肪香（オイリー）】

ウイスキーの香味の中には、生クリーム様、炒ったナッツ類の油っぽい感じのナッツ様、酪酸臭の混じったバター様、ロウソクやラードの匂いを思わせるファッティと呼ばれる香りなどがあります。また、米ぬかやパテ様の脂肪の酸化した香りもあり、こちらは扱いが難しく、ブレンダーの腕の揮《ふる》い甲斐のある香味といえます。

重要な原酒どうしの相性

前章において、私が実際にブレンディングを行うときの手順について触れました。ここで再度、ブレンデッドウイスキーを作る場合、主に三タイプの原酒の層で構成されていることを思い出してください。

ウイスキーの構造は、一番下部に、味わいのベースとなってモルトの個性を引き出す存在としてグレーンウイスキーがあり、真ん中は香味の中核となるモルト原酒が占めます。そして、その基礎のもとに、個性や特徴を引き出すキーモルトが選ばれていきます。

例えば、中核となるモルト原酒には、香味のバランスが取れていて、しっかりとしたボリューム感に富んだタイプを選びます。一方、キーモルトには、少量を加えるだけで雰囲気を変えてくれる個性派がふさわしいといえるでしょう。

むろん、それぞれの層は、数種類のモルト原酒とグレーン原酒で構成され、それらのバランスのもとに、ひとつのブランドのレシピが作られていくのです。

サントリーでは、山崎・白州の両蒸溜所で作られたおよそ百タイプのモルト原酒が、貯蔵庫に眠っています。グレーンウイスキーも、愛知県の専用の蒸溜所で三タイプを作り分け、さらには、ポットスチルによる蒸溜も行っていて、樽の総数は約八十万樽に及んでいます。

それらの多彩なタイプの中からの原酒選びは、素材自体の良さというものはもちろんですが、ブレンディングする原酒どうしの相性というものを、私は、とても重要視しています。そして、これが、ジャパニーズウイスキーの特徴である繊細さにつながっていると思います。

面白いことに、原酒の中には、お互いの長所を伸ばすコンビもあれば、逆に、お互いの長所を殺し合うコンビもある。今、仮に、AとBというモルト原酒があって、この二つが最適バランスを持っている場合は、単に、A、Bそれぞれの原酒の素材のパワーだけを見てレシピを決めるのではなく、二つの原酒をワンセットにして、全体のどのくらいの割合で使うか、を判断してゆきます。

一足す一が二で終わったのでは、優れたブレンディングとはいえません。二つの原酒の相性次第で、三にも四にもなることがあるのです。

優等生だけではつまらない

ウイスキーの原酒というものは、基本的に、熟成感があり、ボディがしっかりとしていて、香味バランスのとれたタイプを目指しています。その中で、先ほどのフレーバー・ホイールでいえば、フェノール香の効いたもの、特にエステル香に富んだものといった長所を際立たせたタイプを作り分けるのです。

しかし、万酒万樽で、ウイスキーの原酒は、同じ条件で蒸溜し、同じ種類の木から作った樽に詰めているのに、少し違う場所に置いただけで、香味が微妙に変わってゆく。

樽貯蔵をして十年ほど経ると、こちらがまるで予測していなかったような香味の原酒が出来上がっていることがある。スパイスが効きすぎていて、それだけでは商品化できないが、微量用いると絶妙な香りと味を醸し出す。そんな原酒を、キーモルトの部分で使って結果を出すところに、ブレンダーの仕事の妙味があります。

ウイスキーの原酒づくりは、出発点においては、個性や特徴は別において、すべて優等生を指向しています。しかし、中には、個性や特徴があまりにも強烈なものや、フレーバー・ホイールにおけるネガティヴな要素が感じられるものも、現れることがある。これらは、ある意味、出来損ないの原酒。とはいえ、原酒の多様性という観点からすれば貴重な存在で、ネガティヴ部分に眼を瞑《つぶ》っても、これらの原酒のとんがった部分を活かしたいというケースも起こりうるのです。

ウイスキーのブレンディングにおいては、似たタイプの原酒を混合しただけでは、どうしても限界があります。そこへ、全く異なるタイプの原酒を少量混ぜると、はっとするほど全体の印象が変わり、面白いウイスキーが出来上がってゆく。その意味からも、原酒の多様性というのは、重要なのです。

原酒の世界は、人間社会の縮図

ブレンディングを一般社会に置き換えて考えてみましょう。一般の企業でも、ききわけのいい部下ばかりではありません。管理職の立場にある人は、ときに反抗的な人間を上手に使いこなすことが求められます。また、優等生ばかりが揃っている現場というのは、意外に企業の活力を阻害してしまう。優等生と個性派、天才肌とコツコツと努力するタイプ、仕事人間とマイペース派……。勢いのある企業をよく観察してみると、対照的なタイプの人材を揃えているケースが多いような気がします。

ウイスキーのブレンディングも同じ。ベースとなる原酒には、こちらの意図するように樽の中ですくすくと熟成されたタイプが求められますが、それだけでは、面白味に欠けるウイスキーにとどまってしまう。そこへ、癖のある個性派の原酒が混じることで、優等生たちの長所がさらに際立ってゆく。

そう考えると、つくづくウイスキーの原酒の世界は、人間社会の縮図に思えてきます。バランスの取れた優等生的な原酒があれば、コントロールできない強烈な個性を持った原酒もある。個性が多彩に揃った社会の方が、豊かな文化を生み出す力を持っているという話を聞いたことがあります。生物の種でも、その多様性が失われると、絶滅の危機に向かうとされています。

スポーツの世界もそう。いとこの話で恐縮ですが、中沢伸二が正捕手を務めた時代の阪急ブレーブスも、個性的なスター選手が揃っていました。いとこが活躍していた頃は、よく西宮や西京極の球場に応援に行ったものです。投手の山田久志、山口高志、野手の福本豊。そして、それらの強烈な個性を束ね、黄金期を築いた上田利治監督は、本当に知将といわれるのにふさわしい人だったと思います。

匠の技が活かされる余地

余談はさておき、ベースとなる原酒に異分子を加えると香味が引き立つというメカニズムについて、もう少し、説明しましょう。

ウイスキーの原酒が一樽一樽、香りや味が違うといっても、原酒に含まれる成分は、実はそう変わらない。成分バランスが異なることで、個性が生じているのです。そこにブレンディングやヴァッティングの匠の技が活かされる余地がある。

香りを嗅いで、これはいい、と思った原酒が、味の方は期待外れだったとします。その場合、別の原酒と混ぜることで香りを活かすブレンディングというものを考えます。

また、甘くて華やかな香りがするのに、口に含んでみるとえぐみや渋みがあるという原酒があるとします。その場合は、えぐみや渋みをマスクする（隠す）ようにブレンディングを行う。熟成的には少々未熟で、香りは足りないが、穀物としての旨みは備えているというタイプの原酒であれば、ベースの原酒としては無理でも、少量加えて、味わいの厚みを強化するために使ってやるのがよいでしょう。

実のところ、すべての面でバランスの取れた原酒というものは、なかなか存在しません。できるだけ欠点の少ない原酒を使うことになるわけですが、その場合、それぞれの原酒が持っている美点に注目します。そして、欠点となる要素は、ほかの原酒とのブレンディングによって、マスクしてゆく。

原酒の潜在力を活かす方法

ブレンディングの技術においてほかに重要とされるのは、比率の問題です。非常にとがった個性の原酒だが、少量を加えるとすごくいい働きをする場合があることはすでに指摘しました。しかし、その正反対も起こり得ます。相当量入れていたら素直に収まっているのに、量を減らすと欠点が現れるという原酒もある。

たくさんある状態では、その原酒の中のある成分が、欠点となる成分をマスクしていたのですね。ところが、少ない量ではそのマスクの働きをする成分が働かず、悪い部分が隠し切れずに表面に出てしまった。そのようなことも起こります。

シングルモルトなどでも、ストレートにほんの少し加水すると、香味が引き立つものがあります。しかし、逆に、加水すると香味が落ちるものもある。これなども、マスクされていたものが、加水により、現れたとも考えられます。

ブレンデッドウイスキーの香味を決定するのは、むろん、混合されたモルト原酒とグレーンウイスキーの素材が本来持つ潜在力です。しかし、その力量を存分に発揮させるには、原酒の相性や配合する比率をよくよく慎重に見極めなければなりません。

プロ野球のチーム力は、基本的には出場する選手の個々の力量の総計でしょう。しかし、特定の投手に相性のいい捕手もいれば、代打や代走などの脇役も必要になります。打順も重要なウエイトを占めます。ブレンダーの世界も、それに似た側面があります。知将といわれた上田利治監督のように、原酒の素材の潜在力を百パーセント発揮させるブレンディングというのは、経験知を総動員しても、なかなか達成できない境地といえます。

ブレンディングは、絵を描く感覚

ブレンディングの世界は、交響楽団の指揮者にたとえられます。ブレンダー（指揮者）は、多彩なタイプの原酒（楽団員）を統率し、妙なる香味のブレンデッドウイスキーを響かせるというわけです。

私の前にチーフブレンダーを務められた稲富孝一さんは、長年ヴィオラを嗜んでこられた方らしく、ウイスキーのブレンディングにおいて、音楽を強く意識されていたのではないかと思います。実際、サントリーの創業九十周年を記念して発売された『響』は、ブラームスの交響曲をイメージして設計されています。

モルト原酒を響かせるというのは、原酒どうしの相性を重んじ、原酒の個性を際立たせながら、全体のバランスを図っていく点において、まことに的を射た表現であるように思います。

しかしその一方で、最近私は、ウイスキーづくりは、音楽よりも絵画を描く行為に近いのではないか、という気がしています。絵というものは、見た瞬間に、凄さを感じたり、好悪の判断を下したりします。ウイスキーも、香りを嗅いで、一口飲んだ瞬間に、その人にとっての評価が決まります。

ブレンディングも絵を描く感覚に似ています。最初にこんな味わいを作りたいというイメージがあり、そのためには、この原酒とあの原酒を使ってという具合に考えます。この作業は、絵を描く際、手持ちのどの絵具を使うかを考えるのに近いかもしれません。

優れたブレンダーの条件

パトリック・ジュースキントの小説『香水——ある人殺しの物語』(二〇〇三年、文春文庫）は、究極の鼻を持った男の奇想天外な物語です。十八世紀のフランスに生きた主人公のグルヌイユは、何百万という香りを嗅ぎ分け、記憶できる特別の嗅覚を持って生まれました。植物、食物、物質、人間の匂い。彼は、眼を閉じて歩いても匂いを感じるのでぶつかることもない。

ウイスキーブレンダーとして、この小説の主人公の天賦の才はまことに羨ましい限りです。確かに、ブレンダー室の官能検査において、鼻や舌先の感度が高いことは、優れたブレンダーとなる必要条件でしょう。もっともウイスキーは、特定のマニアだけを相手に作っているお酒ではないので、グルヌイユほどの超人的な嗅覚というのは、むしろ邪魔になるかもしれません。私は、常に、普通の人が飲んで美味しいと思う感覚を念頭において、ブレンディングに臨んでいます。

またウイスキーブレンダーは、香水の調香師などに比べると、制約の多い職業ではないかと思います。イメージするブランドに使われる原酒には限りがあるし、当然予算というものもある。われわれも一種のアーチストには違いないにしても、商品のプロデューサーという側面も持ち併せています。

当然ながら、ウイスキーブレンダーには、原酒の香味の嗅ぎ分けだけではなく、貯蔵されているすべての原酒の特徴について把握していることが求められます。自分が使うことのできる原酒の在庫の全体像がイメージできないとブレンダーとしては失格。ブレンダーになる以前に、ウイスキーづくりの現場で、どれほどしっかりと勉強してきたかが問われることになります。製樽と貯蔵の工程を経験することは、日本のウイスキーの現場においては、必須だと思います。

ウイスキーブレンダーの仕事は、すべてお膳立てされて、どうぞ官能検査をしてください、という世界ではないのです。

求められる意識の高さ

超人的な嗅覚は必要ではない、と申しましたが、嗅覚もいろいろで、ブレンディングを行うのに適した鼻があれば、香味を確かめる官能検査に向いた鼻もある。

結局のところ、優れたウイスキーブレンダーになるには、お酒が好きであることが前提となります。また、「美味しいものを作り上げてみせる」という確固たる意欲も必要でしょう。さらに、技術を高めるための向上心を持ち、継続的な努力を怠らなければ、いいブレンダーとなることができます。

もっとも、新しいブランドを創造、あるいは理想のウイスキーを考えるというレベルになると、それなりのセンスやクリエイティビティ、さらにイマジネーションが必要で、これればかりは、教えて教えられるものではありません。

ブレンダーにもっとも必要とされる資質は、仕事に臨む際の意識の高さでしょう。ブレンダー室の一員となり、いろいろ経験を積んでゆく中で、どれだけ高い意識で仕事に接していけるかが鍵となる。テイスティングは、ある意味、単調な作業。その中でモチベーションを保ってゆくのは、なかなか大変なことです。まずは、仕事に手を抜かないこと。利口になり過ぎず、性格的には、頑固さというものも必要かもしれません。

コラム⑤　ウイスキーを十倍美味しく飲む方法Ⅲ
——複雑さ、深遠さ、多様性とともに

蒸溜酒というジャンルにおいて、ウイスキーは、断然に複雑系の酒。たとえ、焼酎やウォッカで蒸溜酒を嗜むところから入っても、それでは飽き足らなくなり、ウイスキーの世界へ移行してゆくのは、自然の流れと申せましょう。

しかし、そのウイスキーの奥深さは、逆に、取っ付きにくさにもつながっています。焼酎やビールのように、誰にでもフレンドリーな酒とはいえないかもしれません。

では、ウイスキーという狭き門をくぐるには、どのようにすればよいのでしょう。私は、現在のハイボール人気というのは、その入り口として、まことに歓迎すべき現象と捉えています。複雑系の酒であるウイスキーは、それゆえ、実は、多様な飲み方を受け入れる酒です。それぞれのシチュエーションで、多様な飲み方が可能です。ウイスキー

自体が本来、多様な飲み方に耐えるだけの潜在力を擁しているのだともいえるでしょう。

ウイスキーは、懐が深く、度量の深い酒でもあるのです。

たとえ、ウイスキーへの入り口がハイボールであったとしても、それに親しむうち、あなたは、次第に物足りなさを覚えてくるかもしれません。その際、度量の深い酒であるウイスキーは、あなたに、そのほかのさまざまな飲み方を提示しています。

ウイスキーをミネラルウォーターで割る水割り、氷とともに飲むオン・ザ・ロック、ウイスキーと水を一対一の比率で飲むトワイスアップ、お湯で割るホットウイスキー。

試行錯誤の末、やがて、自分の好みにあった飲み方がみつかるはずです。そして、行き着く先は――チェイサーとしての水を横に置き、バーのカウンターに独り腰掛けて、ストレートのモルトをじっくりと味わっているあなたがいるかもしれません。

ちなみに、ハイボールにしても、お店により、さまざまな飲み方の流儀があります。氷を入れるもの、入れないもの。グラスとウイスキーを冷やすもの。柑橘類を加えるもの、加えないもの。それぞれの飲み方に、自分なりの流儀を見つけるのも、ウイスキーを楽しく飲む方法のひとつでしょう。

かように、入り口はまことに狭き門であるかもしれませんが、いったん信者になると、その奥深い世界の虜になってしまうというのが、ウイスキーの特徴といえます。

ウイスキーに親しんでいると、そのうち、誰でも、お気に入りのモルトのブランドが見つかり、好きなタイプの香味というものがあることにも気がつくようになります。私は、そのこだわりを大事にして欲しいと思います。

自分は、スモーキーなタイプのモルトが好きであるとか、華やかな蜂蜜のような香りのモルトが好きである、といった嗜好が生まれればしめたものです。それをきっかけに、どんどん、ウイスキーの世界の知識が増していきます。

自分の好きなブランドは、どんな土地で作られているのだろう、という興味が湧くこともあれば、ウイスキーとは、どのようにして作られるのだろう、という方向に関心が向かうこともあるでしょう。ウイスキーを楽しく飲む上で、そうした知識は、決して邪魔になることはありません。自分なりの蘊蓄《うんちく》を蓄積し、仲間で披露し合うのも、ウイスキーのファンの楽しみのひとつです。ウイスキーという酒は、知れば知るほど美味しさが深まってゆく酒なのです。

第六章　世界の中のジャパニーズウイスキー

ウイスキーは日本の酒だ！

昨年（二〇一〇年）十一月八日、私は、ブレンダー人生の中で、最高に晴れがましい舞台に立たせていただきました。世界的な酒類コンペティションである「第十五回インターナショナル・スピリッツ・チャレンジ（ＩＳＣ）」において、サントリーシングルモルトウイスキー『山崎１９８４』が「シュプリーム・チャンピオン・スピリット」を受賞。またサントリー酒類株式会社自体も、「ディスティラー・オブ・ザ・イヤー」を受賞したため、その授賞式に招待されたのです。いずれも日本企業として初めての受賞という快挙でした。

『山崎1984』は、シングルモルト『山崎』が発売された一九八四年に蒸溜・樽詰めされたモルト原酒のみを厳選し、中でも『山崎』のユニークさを表現する上で欠かせない「ミズナラ樽」で熟成した原酒を主体にヴァッティングしています。ちなみに、これは現在のサントリー・ウイスキーの品質を支える福與伸二チーフブレンダーの手によるものです。ジャパニーズウイスキーの個性として世界でも高く評価されている、〝オリエンタルな香り〟と深みのある味わいが楽しめるウイスキーです。

そして二〇一〇年『山崎1984』は、「ウイスキー部門」における最高賞「トロフィー」に加え、全部門の「トロフィー」の中から傑出した製品一品に与えられる「シュプリーム・チャンピオン・スピリット」を受賞しました。『山崎1984』は、このコンペティションにエントリーした全部門約千点の頂点に立ったのです。

『山崎1984』の受賞理由は、「深い熟成感のある香り、甘い口あたりなど、すべてにおいて尊敬に値する素晴らしいウイスキー」というもの。ジャパニーズウイスキーの美点と特徴がストレートに評価されたことに、私はなにより、満足を覚えました。そして、心中ひそかに、「ウイスキーは日本の酒だ！」と快哉を叫んでいました。

世界の蒸溜所の頂点に立つ

一方、「ディスティラー・オブ・ザ・イヤー」は、高品質で多彩な製品を生み出した蒸留酒メーカー（ディスティラー）一社だけに贈られる、極めて名誉ある賞。サントリーは、昨年二月にも、ウイスキーマガジン社主催の「アイコンズ・オブ・ウイスキー2010」（世界部門）において、世界各国のウイスキーメーカーを対象に、この一年、業界で著しい貢献を果たした一社に与えられる「ウイスキー・ディスティラー・オブ・ザ・イヤー」を日本企業として初めて受賞しています。

私は、チーフブレンダーとなって以降、これらの賞をいつかは受賞したいものだと願い続けてきました。こういう晴れがましい舞台は、実は苦手な方ですが、今回ばかりは、単純に嬉しくて、表彰されたときは、本当に興奮しました。

むろん、これらの賞は、私ひとりの力で勝ち得たものではなく、サントリーのウイスキーづくりに携わるメンバー全員のチームワークの賜物《たまもの》です。山崎の地に最初の蒸溜所が産声を上げてから、もうすぐ九十年の歳月が流れますが、先人の積み重ねてきた努力が、ようやく認められたことを、素直に喜びたいと思います。

世界の五大ウイスキーが出揃うまで

ウイスキーの起源は古く、中世のイタリアやスペインで、錬金術師が、既存の醸造酒を、金属変成のために用いていた蒸溜器に入れたのが始まりといいます。蒸溜器から滴り落ちてきた液体は、不老不死の効果がある霊液と信じられ、「生命の水（アクア・ヴィテ）」と呼ばれました。この生命の水の製法は、ワインを蒸溜するのに使われ、現在のブランデーの祖となります。

この製法は、やがてスペインから海を越え、北のアイルランドにも伝わります。ここでは、ワインではなくビールを飲用していましたので、それを利用し、生命の水を作り、ゲール語で生命の水を意味する「ウシュク・ベーハー」という名を与えた。これが、現在のウイスキーの祖先になる。

この後、蒸溜技術は、アイルランドからヘブリディーズ諸島を経由し、スコットランドに伝わり、ここにスコッチウイスキーの歴史が始まります。貯蔵熟成が本格的に始まったのは、今から二百年ほど前の話。密造者が、苛酷な酒税を逃れるため、樽に詰めて洞窟に隠したのがその起源であるという説については、第二章でも触れました。

こうしたウイスキーづくりは、新大陸アメリカでのウイスキー蒸溜にリレーされ、さらにカナダの地にまで伝播《でんぱ》します。一方、スコットランドのウイスキーの製法は、二十世紀初頭、日本にも伝わり、ジャパニーズウイスキーが出現します。

かくして、現在、世界の五大ウイスキーと呼ばれる、アイリッシュ、スコッチ、アメリカン、カナディアン、ジャパニーズが、すべて出揃うことになったのです。

五大ウイスキーと呼ばれる条件

現在、ウイスキーは、上記五つの地域以外でも生産されています。アジアでは、インド、パキスタン、タイ、トルコ、台湾など。欧州では、ドイツ、スペイン、スウェーデンなど。そのほか、南アフリカ、ニュージーランド、ブラジル、ウルグアイなど、意外な国でも作られていることが分かります。

特にインドは、世界最大のウイスキー消費国であり、生産量も相当に多い。しかし、これらの国のウイスキーは、一般に、「その他のウイスキー」に分類され、五大ウイスキーと区別されています。

では、五大ウイスキーとこれらの国で作られるウイスキーの違いは何なのか。本格的かつ高品質であることはもちろん、私は、それぞれの風土に根ざしながら、ほかの地域からも支持を受ける普遍的なウイスキーであることが、その条件ではないか、と思います。

われわれの先人は、約九十年前、スコッチを学ぶところから出発し、日本人の味覚に合うウイスキーを作りあげました。そして、やがて、日本酒やビールなどと伍して国民に親しまれる存在にまで、押し上げることに成功します。

その間、日本のウイスキーは、ジャパニーズウイスキーと呼ばれるに足る個性を身につけていきます。そこには、第二章で詳述したように、日本が独自発展せざるを得ない事情がありました。ざっと百の蒸溜所があるスコットランドでは、お互いにモルト原酒を交換しながら、ブレンデッドウイスキーを製造し、販売してきました。それに対し、蒸溜所の数そのものが少なく、お互いに原酒をやり取りする商習慣を持たない日本では、勢い、メーカーがそれぞれ知恵を絞り、多様な原酒を自前で調達せざるを得ませんでした。しかし、その事情こそが、日本のウイスキーづくりの技術力を鍛え、繊細な香味を持ったウイスキーを生み出しました。

ものづくりの精神を継承する

日本の風土のように、繊細でたおやかなジャパニーズウイスキーの個性。私は、脳科学者の茂木健一郎さんとスコットランドの蒸溜所を巡る旅に出たおり、かの地で日本のウイスキーを飲みながら、それをはっきりと自覚しました。

また、本場といわれるスコットランドの代表的な蒸溜所を回りながら、私は、サントリーやほかの日本のメーカーで行われているウイスキーづくりの進め方が、決して誤っていないことを確信したのです。

それをひとことでいえば、日本のウイスキーづくりの現場には、日本人が伝統的に培ってきたものづくりの精神が脈々と宿っているということです。

ウイスキーの評価というものは、もちろん、製品によって下されます。しかし、製麦、仕込み、発酵、蒸溜、樽貯蔵、ブレンディング、後熟、ボトリングと長い年月をかけ、さまざまな工程を経て、消費者の元に届けられるウイスキーの中味は、それぞれの工程でどのような仕事がなされたかにより、大きく異なってくるでしょう。

ひとつひとつの工程のそのまた細分化された作業で、どれだけ、手を抜かず、手間暇をかけてきたかが、中味を決めてゆく。たとえ、ひとつひとつの差は小さくても、全体で積み重なってゆくものは、大変な差となるに違いありません。

現在のジャパニーズウイスキーの名声を支え、その素晴らしい個性を形づくり、五大ウイスキーのひとつにまで押し上げたのは、この日本人の仕事の進め方という要素が、非常に大きい。二〇一〇年、サントリーが、立て続けに、年度を代表する世界一のウイスキーのメーカーという栄誉に輝いたことは、その意味からも大変、嬉しいことです。

そこで作られる製品への称賛はもちろんのこと、その受賞では、メーカーとしてのウイスキーづくりの進め方や、その姿勢そのものが、評価されたわけですから。私は、二〇一〇年の受賞は、一メーカーというより、約九十年の間、日本のウイスキーづくりの現場が培ってきたものへのご褒美という気がしてなりません。

くれぐれも、日本人のこのよき伝統、真摯《しんし》なものづくりの姿勢というものを、今後とも、ウイスキーづくりの現場で継承していかなければならないと思います。

逆風下で高まった国際的評価

日本のウイスキーは、国民の日常生活の中に浸透し、戦後は、高度経済成長の波に乗って、大きく消費を伸ばします。ピークに達したのは一九八三年で、その消費量は四十万キロリットル近くに達しました。しかし、その後、嗜好の多様化とともに、四半世紀にわたりダウントレンドが続きます。

ところが、シングルモルトやプレミアムブレンデッドウイスキーの本格的な市場参入という流れの中、消費量の減少とは逆に、皮肉にもジャパニーズウイスキーの国際的な評価が高まってゆきます。

ここで、ジャパニーズウイスキーの国際コンペティションにおける主な受賞歴を辿ってみます。その快進撃は、二〇〇三年、『山崎12年』が、ＩＳＣの金賞を受賞したことに始まります。翌〇四年には、『響30年』が最高賞トロフィーを受賞します。

以後二〇一〇年までに、ジャパニーズウイスキーは、ＩＳＣの最高賞トロフィーを六度（〇四年『響30年』、〇六年『響30年』、〇七年『響30年』、〇八年『響30年』、〇九年『竹鶴21年』、二〇一〇年『山崎１９８４』）にわたり、獲得。金賞にいたっては、『響』『山崎』『白州』『竹鶴』『余市』などの日本を代表するブランドが、二十アイテムも獲得しています。

二〇一〇年には、『山崎１９８４』が、全部門の「トロフィー」の中から傑出した製品一品に与えられる「シュプリーム・チャンピオン・スピリット」を受賞し、サントリー酒類株式会社というメーカーそのものが、「ディスティラー・オブ・ザ・イヤー」に選出されたことは、すでに紹介した通りです。

止まらないジャパニーズ旋風

二〇〇三年に始まるジャパニーズウイスキーへの国際的な高評価は、それにとどまりません。ウイスキーマガジンが主催する世界的なコンペティションである「ワールド・ウイスキー・アワード（ＷＷＡ）」では、二〇〇七年から二〇一一年まで、六部門のうち、必ず何かの部門で、ワールド・ベストの栄冠に輝いています。

ちなみに、今年二〇一一年は、サントリーの『山崎１９８４』が「ワールドベスト・シングルモルトウイスキー」、『響21年』が「ワールドベスト・ブレンデッドウイスキー」、ニッカの『竹鶴21年』が「ワールドベスト・ブレンデッドモルトウイスキー」の座にそれぞれ就きました。

一つのメーカーが、複数の部門で世界最高峰のプライズを受賞したことは、ウイスキーの産業界では歴史的快挙と受けとめられています。

ＷＷＡのテイスティングは、すべての官能検査がブラインドで行われます。審査員パネラーには、部門以外、どのようなウイスキーであるかが知らされません。パネラーには、デイヴ・ブルーム氏をはじめとする著名なウイスキー評論家や、国際的に有名なウイスキー専門店の経営者などが名を連ねます。ＷＷＡの「ワールドベスト」を受賞することは、掛け値なしに世界のウイスキーの権威から高い評価を得たことになるのです。

スウェーデンの知日家モルトマニアたち

ジャパニーズウイスキーの名声の高まりとともに、われわれの蒸溜所に海外からのゲストを迎える機会もまた多くなっています。

もちろん、大半は、スコットランドや世界各地のウイスキーのメーカー、蒸溜所の関係者、ウイスキー雑誌の編集者や寄稿家といったことになります。以前は、スコットランドを中心に、欧米の方が圧倒的な比率を占めましたが、今では、アジアなど第三世界からの訪問客が本当に多くなりました。

ときには、一般のウイスキー愛好家の方をお迎えすることもあります。その中には、北欧のスウェーデンからいらっしゃるグループもあります。スウェーデンというのは、欧州有数のウイスキー消費国。スウェーデン王室は、希少なモルトのコレクションを擁することで有名ですし、この国は、昔から、モルトマニアの数が多いことで知られています。

恐ろしく舌の肥えたファンの多い国ですから、われわれも、『響12年』を欧州で先行発売するとき、英国やフランスとともにスウェーデンを販売国に加えたほど。実際、かの地では、『響』シリーズも、『山崎』『白州』も、ジャパニーズウイスキーはとても高い評価を頂戴しています。

あるバーテンダーに聞いたところでは、そのグループは、毎年のように来日し、サントリーの山崎・白州の両蒸溜所やニッカウヰスキーの余市蒸溜所、キリンビールの富士御殿場蒸溜所といった大手はもちろんのこと、イチローズモルトで知られるベンチャーウイスキーの秩父蒸留所に到るまで、丹念に訪ねて回られているそうです。

「Mackmyra（マクミラ）」という名前の蒸溜所が、首都ストックホルム郊外で一九九九年より操業を開始するなど、メジャーな存在ではありませんが、最近、ウイスキーの生産にも乗り出しています。樽には、風土を活かして、スウェーデン産のオークを用いたものもあるようです。迎えるばかりではなく、ぜひ一度、こちらからも、訪ねてみたいものだと思っています。

「やってみなはれ」と呟くとき

逆風の中、ジャパニーズウイスキーへの国際的な評価が高まっていったのは、なぜなのでしょう。私が勤めるサントリーの場合でいえば、創業者の鳥井信治郎以来、社内に、一種の反骨精神のようなものが脈打っているからかもしれません。

サントリー二代目社長の佐治敬三が、ビール製造進出を決意する際、父の鳥井信治郎に相談すると、「やってみなはれ」という言葉が返ってきたといいます。

私は、ものづくりの世界では、この「やってみなはれ」の精神というのは、まことに貴重ではないか、と考えます。サントリーのウイスキーづくりの現場では、ウイスキー消費がまさにピークに達しようとしていた頃、次のステップとして、ウイスキー製造の原点を見つめる作業を開始しています。

すでに紹介したように、蒸溜所内の設備を大幅に見直し、発酵においては木桶の発酵槽の導入、蒸溜においても、ポットスチルの入れ替えなどを行いました。また、今後ウイスキーのトレンドが本格派志向となることを見据え、シングルモルトやプレミアムタイプのブレンデッドウイスキーづくりに、力を注ぎました。

昨今のジャパニーズウイスキーの名声は、まさに、それら先行投資が花を咲かせたものといえるでしょう。

むろん、九十年近い歳月の中で培ったものもあるでしょう。例えば、ジャパニーズウイスキーの特徴を語る上で逸することのできない「ミズナラ樽」も、戦中戦後の物資不足の時代、苦肉の策として考えられたアイデアでした。これもまた、「やってみなはれ」の発露のひとつでしょう。

ウイスキーづくりは、メーカーの宿命である利益や効率を優先させるだけでは、立ち行かなくなる部分がある。ブレンダーという存在は、ときに、生産効率やコストに反しても、現場に無理をいったり、営業に楯突いたりしなければならない存在といえます。そんなとき、私は、いつも自分自身に、「やってみなはれ」と呟くようにしています。

スコッチの揺るぎなさ

国際的なコンペティションで、最近でこそ高い評価を得ているジャパニーズウイスキーですが、私は、日本のウイスキーの本家は、あくまでスコッチウイスキーだと考えています。日本のウイスキーづくりの基本は、すべてスコットランドにお手本があるのです。

先ほど、日本人の仕事の進め方には伝統的なものづくりの精神が息づいていると指摘しました。スコットランドの蒸溜所に行くと、日本人とはまた異なる意味で、頑固なものづくりが行われていることに感心します。

スコットランドのスペイサイドというエリアには、スコットランドでもトップクラスの蒸溜所が集中しています。ここで産出するモルトウイスキーは、香りが高く、華麗でデリケートな味わいを持ちます。その中でも、『ザ・マッカラン』は代表的な銘柄といえます。

『ザ・マッカラン』のモルト原酒は、小ぶりでシンプルそのもののポットスチルから作りだされることもあり、非常にボディがしっかりとしていて、ブレンダーとしては、とても魅力的な存在。その香味に、モルト原酒の基本をはっきりと感じます。複雑系の酒であるウイスキーにおいて、この『ザ・マッカラン』の原酒が主張するものは、私も、日本のウイスキーづくりの中で、見習い、大事にしてゆきたい。

『ザ・マッカラン』の蒸溜所では、ウイスキーづくりの現場も見学しましたが、製造の工程において、仕事の運び方、物への接し方が日本とは異なっていると思いました。『ザ・マッカラン』の作り手たちの仕事ぶりには、揺るぎがない。伝統に裏づけされた自信とプライドをひしひしと感じました。

不易と流行

『ザ・マッカラン』の蒸溜所で感じた揺るぎなさというもの。そこに、私は本場スコッチウイスキーのもっとも本質的な部分があると思います。スコットランドのアイラ島に行くと、スペイサイドとはまた違ったタイプの個性的な香味を持つウイスキーの蒸溜所が並んでいます。

日本の佐渡島とほぼ同じサイズのアイラ島のくびれた西の湾に面しているのが、ボウモア蒸溜所です。潮風とピートが作り出すスモーキーなフレーバーを残しつつ、気品を保ち、バランスが取れたモルトといえます。アイラモルトの女王とも称されています。

一方、アイラ島の南の海岸線に抱かれるようにして立つラフロイグ蒸溜所のシングルモルトは、ヨードと海草を連想する独特の味わいがあります。普通十年間も熟成すると、洗練されたエレガントな味になるものですが、このモルトは、素朴で大地そのものを感じさせる味わいがします。ウイスキーがその土地の風土によって作り出されるという事実を、一番実感させてくれるモルトのひとつです。

実際、この島は、驚くばかりに手つかずの自然がまだ残されています。『ラフロイグ』の蒸溜所を少し行ったところにある湾はアザラシの生息地。その岩場でイングランドから渡ってきたフィオナさんという音楽家がヴァイオリンを奏でると、アザラシの群れがより集ってくるのを目にすることもできます。

アイラ島を巡った旅では、理想とする品質を保ってゆくには、美しい自然環境がいかに重要かを再認識しました。

アイラ島のウイスキーづくりにおいては、つくり手の美意識や思想が確固としていて、それに一定数、共感してくれる人がいればよしとする考え方が基盤にある。

芭蕉は、俳諧の道を究める上で、〝不易と流行〟の概念を唱えました。私は、日本のウイスキーづくりは、スペイサイドやアイラ島の蒸溜所のように〝不易〟の味を変わらず追い求めながら、一方で、時代の嗜好にも敏感でありたいと思っています。

その両立は、私にとって、永遠の課題といえそうです。

世界で楽しまれるウイスキー

日本においては、一九八三年を頂点として、ダウントレンドが続いたことは、小著において、何度も指摘しました。幸い、二〇〇九年、その流れにはひとまずピリオドが打たれ、シングルモルトやプレミアムブレンデッドウイスキーの愛飲家は、年々、増加する傾向にあります。

ウイスキーの消費は、消費国の経済的発展や文化的成熟の度合いと密接な関係があるといわれています。世界的に見た場合、ウイスキーは、勝ち組に入るお酒で、年々、消費量が増えています。

その消費を牽引しているのは、BRICS（ブラジル、ロシア、インド、中国、南アフリカ）を筆頭とする第三世界の新興国です。英国の植民地時代にウイスキー文化の浸透が始まったインドは、今ではアメリカを抜き、世界一の消費量を誇ります。ロシア、ブラジル、中国、南アフリカでは、富裕層を中心に、消費が倍々ゲームで拡大しています。

そのほか、ウイスキーがよく飲まれている新興国としては、アジアでは、韓国、台湾、タイなどがあり、ベネズエラ、メキシコなど中南米諸国があります。むろん、フランス、英国、スペイン、イタリア、ギリシア、スウェーデンなどの欧州諸国と米国、カナダ、オーストラリアは、従来からのウイスキーの愛好国として、今後も堅調な消費を保っていくでしょう。極端な話、宗教的な理由でアルコールの飲用が禁止されているエリアを除けば、世界のあらゆる場所で、今後、ウイスキーは、消費を伸ばしてゆくことが予測されています。

ジャパニーズウイスキーの無限の可能性

一般に、経済成長を遂げつつある国は、マス向けの酒であるブレンデッドウイスキーを盛んに飲むようになり、低成長期に入ると、個性的で嗜好性の強いシングルモルトやプレミアムブレンデッドウイスキーが好まれるようになります。

世界の五大ウイスキーのひとつに数えられるジャパニーズウイスキーは、これらのウイスキーの世界的な消費動向にどう対応すべきなのでしょう。

質量の両面において、世界のウイスキーの中で独特の位置を占めるジャパニーズウイスキー。私は、第三世界で爆発的な消費拡大が見込まれるマスとしてのウイスキー需要においては当然のこと、従来からある程度成熟した消費国で望まれる高級で個性的なウイスキーの需要に対しても、無限の可能性を持っているように思えてなりません。

これまでは、国内消費が圧倒的な部分を占めてきたジャパニーズウイスキーですが、『山崎』『白州』『余市』『竹鶴』といったシングルモルト、『響』シリーズに代表されるプレミアムブレンデッドウイスキーの高い国際的評価を突破口として、世界の市場をこじ開けていきたいものです。

空飛ぶウイスキー・アンバサダー

第三世界を中心に膨張するウイスキー市場の動きに歩調を合わせるように、最近、私は、海外のセミナーで、ジャパニーズウイスキーについて語る機会が増えてきました。昨二〇一〇年は、アメリカ、台湾、中国（北京、上海）、ロシア、シンガポール、マレーシア、カザフスタンなど、本当にいろいろな国に行ってきました。

まるで、空飛ぶウイスキー・アンバサダー。ジャパニーズウイスキーの伝道師です。

「ウイスキーといえばスコットランドが本場」というのが、まだまだ、それらの国々の一般的な認識でした。しかし、国際的なコンペティションでジャパニーズウイスキーが高い評価を得たことで、『山崎』『白州』『響』などの知名度は、ある程度、高まっていた。また、日本は、車でもコンピュータでも、技術水準が高くて、「いいモノを作る」というイメージが根底にあるので、悪い意味での先入観がないのは、有り難く思います。

ロシアは、ここ数年で四回ほど訪ねています。ロシアでは、ウイスキーはウォッカよりもワンランク上の酒として、急速に消費が伸びています。

驚いたことに、彼らは、日常的にウォッカを飲んでいて、「蒸溜し尽くした」酒であるウォッカの、本当に微妙な香味の違いを利き分けることができる。「自分にとって、美味しいブランドはこれである」という具合で、権威や名前に捕われず、どこの国のウイスキーであれ、正当に評価してくれます。

カザフスタンという国は、まったく予備知識なしで訪ねましたが、こちらのセミナーでも、ジャパニーズウイスキーへの期待を肌で感じることができました。ここも、ウォッカがよく飲まれている国。同じ蒸溜酒ということで、ウォッカの消費国は、ウイスキーに移行し易い下地を持っているのかもしれません。

スコッチとジャパニーズの個性の違い

ジャパニーズウイスキーが、スコッチを本家として、忠実に再現することから出発して約九十年。日本人の味覚に合うウイスキーという方向へ、改良を加えてきた結果、現在われわれが、商品として提供しているウイスキーは、ある意味、スコッチとは異なるガラパゴス的な変貌を遂げているといえるでしょう。

しかし、その品質は、国際的なコンペティションの評価が物語るように、代表的なスコッチと比べて、決して引けを取るものではない、という気持ちは強くあります。

さまざまな事情と日本の風土、日本人の伝統的なものづくりへの姿勢。それらが複合的にかみ合って、やがて日本のウイスキーは独自の発展を遂げ、ジャパニーズウイスキーとしての個性を産み出してきました。そして、その個性は、ウイスキーの本場スコットランドでも、評価されるまでになったのです。

スコッチと遜色のない品質を誇る日本のウイスキー。スコッチとジャパニーズの個性を比較した場合、では、どのような違いがあるのでしょう。

先ほども触れましたが、スコットランドの代表的な蒸溜所を訪ねて感じることは、彼らのウイスキーづくりの揺るぎなさです。頑《かたく》なに、伝統的な手法を続けることへの確信。それは、日本のウイスキーづくりの現場が及ばないものといえるでしょう。

ウイスキーという酒自体、偶然性の産物でした。錬金術師がアランビック型蒸溜器にワインを入れるという酔狂心を起こさなければ、蒸溜の技術は、生まれなかったことでしょう。また「生命の水」を樽に詰めて洞窟に隠す密造者がいなければ、樽貯蔵の神秘に、人類は気がつかなかったかもしれません。

ウイスキーとはそもそも奇跡の積み重ねで誕生した神様からの贈り物で、人智の及ばない面があまりにも多い、という考え方がスコットランドのウイスキーづくりの根底にある。そこから、ウイスキーづくりは、できるだけ余計な手を加えず自然に任せる方がいい、というスコッチの揺るがぬ製造理念が生まれたと考えられます。

常に新しいテイストを

翻って日本のウイスキーづくりについて考えると、そうした古典的なウイスキーづくりの手法に加え、いろいろと革新的な試みを積極的に取り入れてきた歴史があるように思えます。例えば、ポットスチルにしても、香味の伝統を遵守《じゅんしゅ》するスコットランドの蒸溜所で、入れ替えるということは、滅多に起こりません。しかし、サントリーでは、将来の嗜好を予測し、作りたいウイスキー原酒をイメージしながら、ポットスチルの入れ替えを頻繁に行なってきています。

樽貯蔵にしてもしかり。戦前から取り組んできたミズナラ樽をはじめ、杉、檜、山桜などの材を鏡板に使った樽の採用など、いずれも、スコッチの世界では、蛮勇と見なされかねない実験的な試みといえるでしょう。これなど、樽自体の製造から樽の原材料を提供してくれる森の保全や優良木の育成に関する研究まで、ウイスキーのメーカーとして取り組んでいて、はじめて可能になる発想といえるでしょう。

それに加えて、あらゆる製造工程において発揮されてきた日本人のものづくりに対する緻密できめ細やかな配慮が、ジャパニーズウイスキーの繊細で人に優しい味わいを形作ったと考えられます。

すでに先人が確立して評価の定まった香味の原酒を守り、後世に確実にリレーするのが、スコッチの製造現場の流儀といえます。一方、ジャパニーズウイスキーは、たえず、先人の築いた業績を超えてゆくことで、ここまでの進歩を果たしました。その前提として、日本という国がそもそもそのような〝イノベーション能力〟に富んだ国だということも挙げられると思います。

ブレンダーの立場でいえば、常に新しいテイストの発見です。そのため、ブレンダーは、可能な限り、多様性に富んだ原酒が作られるよう、現場をサポートし、そして貯蔵されたすべての原酒のキャラクターを知り尽くさなければなりません。

ジャパニーズウイスキーの進化は、畢竟、この多様な原酒の作り分けなしには考えられません。そして、その中から、常にベストなブレンドを見出すことが、ブレンダーの責務といえるでしょう。

未来のブレンダーを唸らせるために

ウイスキーづくりというのは、恐ろしく根気の要る作業です。その現場では、少なく見積もっても、十年二十年単位で時が過ぎてゆきます。逆に言えば、十年二十年先を見据えたウイスキーづくりというものが、ウイスキーのメーカーには求められます。毎年、貯蔵庫の中の約八十万樽の原酒を用いながら、将来に必要な原酒を補充する作業を続けてゆく。そこで手を抜けば、たちまちのうちに、今あるウイスキーの品質レベルを保てなくなるのは、火を見るよりも明らかです。

樽自体の確保もしなければなりません。北海道産のミズナラ樽の採用は、第二次世界大戦の戦中、資源が乏しくなった時代に発想されたもの。五年、十年では目立たなかったものが、三十年の歳月を経て独特の香味を醸すようになり、今では、ジャパニーズウイスキーの個性を語る上で欠かせない、貴重な樽原酒となっています。

そのミズナラ樽を将来にわたって確保するため、私は、良質のミズナラを求めて、北海道の森林を見て回ります。また、さらに遠い将来に向かって優良なミズナラを育てるための研究にも取り組んできました。

正直、今、われわれが仕込んでいる原酒が、どんな個性の香味を生み出すのか、誰にも正確には予測できません。しかし、未来のブレンダーを唸らせるものを生み出すための努力は続けていきたいと思っています。

コラム⑥ ウイスキーは人に優しい酒

一頃、健康に関心を持つ人々の間で、ポリフェノールという成分に抗酸化作用のあることが分かり、それを多く含む赤ワインに俄《にわか》に注目が集まったことがあります。

ポリフェノールには、体内の活性酸素を除去し、ひいては、動脈硬化、高脂血症、糖尿病といった生活習慣病を予防する働きが見込まれるというものでした。一九九二年には、フランスのボルドー大学の科学者が、フランスやベルギー、スイスなどで心臓病の発症率が低いのは、赤ワインを常飲しているためだとする研究成果も発表し、論議を巻き起こしています。

実は、このポリフェノール類、ウイスキー中にも、相当量、含まれています。ウイスキーの作られ方を思い出してください。ウイスキーは、蒸溜によって生成したニューポットを樽に詰め、長期熟成させることによって誕生します。熟成に使われる樽の多くは、樹齢数百年というオークの大木が使われています。

このオーク樽の中で熟成されることにより、あのウイスキー独特の色と香味が生まれます。そして、同時に、樽から溶け出したオーク材の成分から、ポリフェノール類が作り出されるのです。

このほか、蒸溜酒であるウイスキーは、シングル一杯分の三十ミリリットルに対し、カロリーは約六十キロカロリー（アルコール分四十パーセントの場合）と低めに抑えられます。しかも、ビール、ワイン、清酒などの醸造酒が若干の糖質を有するのに対し、ウイスキーの糖質はゼロ。プリン体もありません。適量の範囲であれば、血糖値や尿酸値を上げにくいことが、最近の研究で知られてきました。

そのほか、ウイスキーには、樽熟成ならではの豊かな香りが「森林浴」にも似たリラックス効果を生むことや、メラニン色素の生成に関わるチロシナーゼの働きを抑制する成分が含まれることが、分かってきています。

樽に含まれる成分というのは、数百年を生きた樹木が、自らの体を防御するために培ったものでもある。その成分が、ウイスキーの中に抽出されて、その恵みをわれわれ人間が頂戴しているのだと考えると、本当に楽しくなってきます。

むろん、アルコールの飲み過ぎは、肝臓を痛めるなど、デメリットが大きい。それでも、ウイスキーが人に優しい酒であるという証拠がいろいろと提出されてきたことは、われわれ、ウイスキーづくりに携わる人間にとって、嬉しい限りといえます。

おわりに

ウイスキーづくりは一人のヒーローの作業ではない

世の中には、さまざまな職業があります。人の命が預けられる医師や、青少年に知識や世間を生きてゆく術《すべ》を授ける教師などは、聖職といわれ、これらはどの国でもなくてはならない絶対不可欠の職業でしょう。

しかし、ブレンダーという職業は、別に存在せずとも、誰が困るということはない。ウイスキーにしても同じ。世界のどこででも、ウイスキーを生産したり、消費したりしているわけではない。だいいち、お酒を飲まない人だって、たくさんいます。

それでも、やはり、ウイスキーという飲み物が、現在、世界中の人々に愛され、人々の心をなごませ、楽しませているのも事実です。そして、ウイスキーが誕生したアイルランドや本場のスコットランドから遠く離れたこの極東の地で、世界でも指折りのウイスキーづくりが行なわれているのは、日本人の壮挙と誇っていい話だと思います。

私は、ウイスキーのメーカーのチーフブレンダーとして、会社が扱うウイスキーの設計を担っています。しかし、ブレンダー室の仕事は、私を含めた六人のブレンダーの共同作業で作り出してゆくもの。決して、一人のヒーローの作業ではありません。

ウイスキーづくりの仕事は、徹底した現場の共同作業の積み上げであって、一将功成りて万骨枯る、ということであってはならない。

ましてや、現在、ジャパニーズウイスキーが、国際的なコンペティションで高い評価を得るに到ったのは、約九十年近い、先人の継続的な努力があってこそ、と思っています。サントリーのウイスキーづくりの現場は、「伝統の継承と革新」を企業モットーとしています。継承には、技術を継承するという意味もありますが、創業者から始まったものづくりへの思いや理念を継承するという意味も強くこめられています。

仕事の軸をぶれさせないということ

われわれの仕事は、結局のところ、つくり手の思いをどこまで大事にできるかにかかっていると思います。思いが本当に強ければ、それは行動に反映されます。行動に移れば、必ず、結果に導かれてゆく。

私自身、ブレンダー人生の中で、成功して嬉しかったことも失敗して悔しい思いをしたこともあります。その中で学んだことは、自分の仕事の軸がぶれては、まともな結果は残せないということです。私は、自分が信じて目指すことに、徹底的にこだわり、その実現に向かって努力する人間でありたいと願っています。

小著を通して、できるだけ、ウイスキーづくりの現場にオープンな形で説明を加え、みなさんに、「なんだ、そういうことだったのか」と思っていただくことを目標としてきました。

ブレンダーというと、実験室のような場所にこもり、門外不出の天才的な技法を駆使して、製品を設計しているように思われがちです。確かに、ブレンダーにしか見えない部分というものがあり、それは説明が難しいわけですが、ここでは、できるだけ、分かりやすい言葉に移し、ブレンダーが担う役割を明らかにしたつもりです。

小著には、ウイスキーづくりの暗室の部分が余すことなく曝されています。ウイスキーにこれまであまり接する機会のなかった方々には、これをウイスキーというお酒に親しみを覚えるきっかけとしていただければ幸いです。またウイスキーが大好きという方々には、ウイスキーの作り手の思いや現場のありようを知っていただくことで、ウイスキーへの理解を一層深めていただけたのではないか、と期待しています。

まだ私はウイスキーが分からない

私は、一昨年の二〇〇九年、世界のブレンデッドウイスキーの王道というべき「12年」の分野に、これまでのブレンダーとしての経験知のすべてを込めた『響12年』を送り出しました。これで仕事の一つの区切りができたと安堵している一方、心の奥で、再び新しいものを提案したいという欲がふつふつと滾《たぎ》っているのを感じます。

ウイスキーの波がきているこの時期に、国際的なコンペティションをジャパニーズウイスキーが席巻している今こそ、まだ誰も試したことのない革新的なテイストを提案できたら、という思いに駆られます。

世界中のどこへ行っても、一流のホテルやバーに、『山崎』や『響』が置かれているのが当たり前になるよう、さらなる精進をしていかなければなりません。

正直、ブレンダーの仕事は、出口なしの暗夜行路を歩んでいるようなもので、これでよし、という絶対的な正答のない世界です。

私は、今も日々、ブレンダー室でウイスキー原酒と向かい合いながら、心底から、こう呟いています。「まだ私はウイスキーというものが分からない」と。

輿水精一　ブレンダー。サントリー山崎蒸溜所勤務。1949（昭和24）年山梨県生まれ。73年サントリー入社。99年よりチーフブレンダー。2011年、手がけた「響21年」が二年連続で「世界最高のブレンド」に選ばれた。

Ⓢ新潮新書

431

ウイスキーは日本《にほん》の酒《さけ》である

著者　輿水精一《こしみずせいいち》

2011年8月20日　発行
2015年1月30日　4刷

発行者　佐藤隆信

発行所　株式会社新潮社

〒162-8711　東京都新宿区矢来町71番地
編集部(03)3266-5430　読者係(03)3266-5111
http://www.shinchosha.co.jp

図版製作　ブリュッケ
印刷所　二光印刷株式会社
製本所　憲専堂製本株式会社

ISBN978-4-10-610431-2　C0263

価格はカバーに表示してあります。